实战育儿

65招搞定
难缠宝宝

张玺 / 医师·娘 ◎著

中国轻工业出版社

儿童牙齿保健

黄晓灵 教授

学历：

- 美国杜兰大学全球社区健康及行为科学研究所博士
- 美国杜兰大学流行病学研究所硕士
- 台湾高雄医学大学公共卫生学系学士

现职：

- 台湾高雄医学大学口腔医学院口腔卫生学系教授兼系主任

小儿眼科

刘秀雯 教授

学历：

- 日本独协医科大学医学博士
- 美国约翰·霍普金斯大学医疗卫生管理硕士
- 台湾大学医学学士

现职：

- 台湾新光吴火狮纪念医院眼科客座教授
- 台湾眼科医学会常务监事
- 台湾眼科学教授学术医学会理事

小儿耳鼻喉科

赖盈达 医师

学历：

- 台北医学大学医学学士

现职：

- 台湾赖耳鼻喉科诊所主治医师（台北、万华区）
- 台湾双和医院耳鼻喉科主治医师

儿童情绪及睡眠

苏泓洸 主任

学历：

- 台北医学大学医学学士

现职：

- 台湾大学医院竹东分院医疗部精神科主任

推·荐·序

脐带血干细胞发现者
日本京都大学小儿科学名誉教授 | 中畑龙俊

张玺是我在京都大学小儿部指导的研究生。除了试验研究以外，张玺医师在儿科的临床学习上也相当勤勉。后来张玺医师返回台湾服务，对双方的交流贡献良多。

在日本，因为近几年儿科医师相对缺乏，儿科的各类书籍以及科普文章相当多，以供家长们应对各种各样的"状况"。张玺医师和他的太太（是一位家庭医学方面的医师）提出想写一本以太太的观点来发掘问题并解答的育儿指南。我觉得这样的角度相当好。

虽然我本身也是一名儿科医师，但是对照顾孩子，除了应对生病这种情况，我不见得比我内人了解得多。张玺医师夫妇在撰写这本书的时候，除了介绍儿科学专门的医学知识和疾病的介绍与应对之外，从出生开始，吃的、穿的、玩的……都有所涉及，可以说**这不只是一本儿科医学书籍，还是一本"与小儿一起生活成长"的书**。

张玺医师夫妇自己有三个孩子，所以本书也是他们这一路走来的各种经验分享。说实在话，世界上的每一对父母面对自己第一个孩子的时候都是人生第一次当父母。即使是我自己，也是一样。每个小孩都是独一无二的个体，没有一个孩子会完全按照教科书成长。这也是促使张玺医师想要将他的临床经验与专业知识和大家分享的动机之一。我希望这本书的出版，可以给第一次当爸妈的人一些支持。

中畑龍俊

推·荐·序

媳妇界灯塔 | **宅女小红**

其实我应该是先认识张先生的（吧）（我习惯称张玺为"张先生"，称"医师·娘"为"张太"）。想当初姐姐的女儿刚出生就因为吸入胎便住进新生儿监护病房，当时张先生的大儿子也才出生不久，但我姐的小孩看到他的次数应该比他亲儿子见他的次数多很多。当时张医师细心又不厌其烦地解说及照顾，真的让家属安心许多。说张玺医师是我们家的恩人都不为过。

张太是我育儿路上的良师，八卦路上的益友。多少个晚上一起讨论无聊的网络新闻和"名人轶事"，一直到我也当了妈才开始有了正经的共同话题：所有育儿方面的问题我都会问她，毕竟她生了三个。这年头还有谁这样生了又生，生了又生？！

跟张太讨论育儿话题非常愉悦。怎么说呢？有些事，我等愚妇常会不好意思开口问医师，觉得问出来会显得智商不高。但我发现，这等疑问拿出来问张太一点也不用害臊。身为专业的医师，在当娘这一块，她跟我们路人简直没两样：一样在三个月内会忍不住探小孩鼻息，一样会为了莫名其妙的小事紧张兮兮……对了，她还接收过我"传承"下去的婴儿美形帽，说要顾头形。所有坊间母亲会做的笨事，我看她都没少做，只差没在小孩哭闹时拜床母了（应该是宗教问题，不然我看她九成九也会拜）。

听闻张氏伉俪要出育儿书，我个人相当期待，本来以为内容很不靠谱（你们不知道张太私下有多不靠谱）。不过老实说，我觉得不靠谱好，因为育儿本来就该轻轻松松，想东想西睡不着，搞得自己压力这么大干吗？很多事，本来就是父母担心太多，而且紧张对事情并没有帮助，还搞得自己太累，对当好父母这事却于事无补。直到我看了书稿才知道，张先生和张太不是在闹着玩，原来很正经。从日常作息到饮食调配再到生病照顾，甚至情绪管理，这本书都有所涉及。有了张太为娘（三次！）的经验谈，佐以张医师专业解说，相信可以解决您育儿路上的大部分疑问。说这是一本万能育儿百科也不为过。

对了，记得有一次我问张太什么原因会造成胎死腹中，她回答我：**应该是得罪华妃了吧**？！这样的人竟然出了医学书，我们能不期待吗？（搓手）

推·荐·序

台湾师范大学教育学院副院长
健康促进与卫生教育学系教授 | **郭钟隆**

刚拿到书稿的时候，原本以为只是一本市面上已经泛滥成灾的医学育儿书而已。但是从目录开始，就发现它与众不同的地方。这不只是一本医师写的医学科普书，也不仅是儿科医师撰写的育儿作品，它是从一位儿科医师的太太与三个孩子妈的角度来编写的育儿生活点滴记录手册。

我问医师·娘（我坚持要用笔名称呼她）为什么想要写这样一本书？她说，"**因为男医师在诊室给妈妈们的科普有时候不食人间烟火啊。**"身为知名家庭医师的她决定把自己育儿的经验结合先生张玺医师的专业知识和临床经验，编写成一本提供给新手爸妈的书，希望对他们有所帮助。

从我们卫生教育与健康促进的角度出发，这本书除了科普的功能以外，还具有健康促进的功能。怎么说呢？就是太太们应该人手一本，带孩子到身心俱疲的时候，就连书和宝宝一起打包，塞到先生手上，跟先生说："这本书将孩子各种健康问题及照顾说明都囊括了，巨细靡遗，相信你有非常强的自学能力，接下来就交给你了。"然后太太们就可以去做做SPA、练练瑜伽、接受精油按摩等来恢复一下身心健康了。所以说这本书有健康促进的作用！

反过来说，先生们也应该人手一本，并熟读此书内容，反复操练各种育儿技巧。当太太脸色不对的时候，一个箭步温柔抱起宝宝说："亲爱的，孩子就交给我，你好好地去补觉、敷脸、做SPA、逛网店、看小说……休息休息吧！我们爷儿俩会过得很好，不用担心我们……"不但能够达到增进家庭和睦的目的，还可以避免太太过度劳累，而先生却无所事事。嗯，果然是有健康促进的功能！

以上博君一笑后，希望大家都能体会作者的苦心，善加利用本书以达到造福新手父母以及养育下一代的目的。

推·荐·序

台北医学大学附设医院
妇产部主治医师 | 陈菁徽

请容许我称作者为"兔子"。我俩从高中同班到大学同班（联考成绩只差0.25分），就连怀孕生小孩的时间都只差一两个月，这大概可以堪称遵守"程序正义"的"深度闺蜜"了吧。

虽说我本人是妇产科医师，但若非亲身经历过怀孕生子的摧残，也写不出字字血泪的怀胎十月日记以及坐月子笔记。同理可证，崇尚名牌的我，一开始遇到小孩的"疑难杂症"首先找的是"御医"张玺教授。没过多久，我就发现我该请教的人不是张玺，而是张太——兔子。因为张玺是那个给我药水、药粉的人，却没教我该怎么喂药给小孩才不会吐得满身满地。张玺是给我打预防针预约单的人，却没告诉我怎么顺利把孩子拖进诊室，而不让我自己汗流浃背、披头散发。张玺是告诉我小孩该吃些什么的人，但不会教我怎么成功地把小孩按在椅子上，让他们心悦诚服地坐稳、吃好、吃完。

我发誓这辈子看过兔子最用功的事就是在撰写这本书！ 对英文充满恐惧的兔子，居然抱着一大叠英文文献，差点没把我吓死。不只是英文，连日文的各种医学科普书，她也是凭着仅懂50音图及部分汉字的程度硬读，再找张玺确认理解的内容是否有误。

另外书中一些小儿相关但并非儿科部分的内容，如小儿皮肤、小儿骨科、眼科和儿童认知发展与情绪等，兔子也四处咨询各领域的专家。当然我义不容辞地贡献出亲爱的弟妹——皮肤科黄毓雅医师（同时也是一位医师兼娘的医师娘）供兔子咨询。赶稿的那段时光，兔子即使跟我们出来玩都会随身抱着笔记本电脑（因为她说出来玩才没有家里"三小"的干扰，反而有机会好好写上一两篇）。上一次兔子抱着笔记本电脑不放是婚前：她还在跟张玺中日远距离恋爱，为了保持视频连线，那是全身散发着粉红泡泡氛围的时代。

可以说我是全程见证这本书诞生之人，我以我爷爷的名字发誓，真相只有一个——就是，这是一本用生命来写的书。

一言以蔽之，专业结合实战经验，是我对兔子这本书的总结。在这个生育率低到谷底的年代，她"身先士卒"地一口气连生"三只"，令我望尘莫及。在我对任何养育／教育问题有所疑惑的时候，兔子的电话已经被我设定为热线，兔子是我唯一想请教，也是我认为最权威的人。希望这本书也带给濒临慌乱崩溃边缘的妈妈，正在育儿浪头上载浮载沉的主妇们一盏明灯，一双强而有力的手！

陳菁徽

作·者·序

张玺

　　各位读者大家好，我是儿科医师张玺。当家中开心迎接新成员时，新手爸妈也开始肩负起照顾宝宝的责任。对许多新手爸妈而言，宝宝的各种状况皆为初次遇到，难免不知所措。日本的幼儿保健门诊特别重视科普教育，从基本的照顾护理知识、饮食、成长发育，到妈妈的身心状态，都有专业人士提供协助与支持，这在中国相对缺乏，特别是专门的科普教育这一块非常缺乏。这也是我写这本书的初衷。

　　在门诊，我发现家长对如何照顾好孩子有诸多疑惑与困扰，当孩子发热或身体不适时会慌乱。尽管家长满腹疑问，但因门诊时间有限，医师较难详细回答各种问题。因此我希望可以通过此书，与家长们分享宝宝成长过程中需要特别注意的关键点，同时理清思路，也可以避免不必要的焦虑。

　　这是一本从妈妈的角度进行撰写，由儿科医师审订的育儿指南，除了有我在儿科领域的专业知识，也包括妈妈们在育儿过程最想知道的事。书中包含"日常照顾篇""疾病篇""饮食&作息篇"，以及"认知发展&情绪篇"，内容详细又实用。希望能为新手爸妈们照顾宝宝提供一点指导。当新手爸妈不知所措的时候，翻开书就能找到答案。

　　许多人好奇当医师成为爸爸妈妈的角色以后（特别是父母当中又有一名儿科医师），在带孩子方面是不是有什么妙招？日常生活中又是如何照顾小孩的？这本书结合我和太太照顾孩子的亲身体验，以及妈妈在育儿路上的心声（如书中的《医师·娘碎碎念》），相信会让各位感到非常贴近现实生活。

　　身为儿科医师兼人夫、人父，我一直认为妈妈心情好，孩子就会好；妈妈心情不好，爸爸就会过得不好。在带孩子的过程中，爸爸分担一些家务和照顾小孩的任务，适时协助另一半，理解并感谢太太的付出，能够舒缓彼此的育儿压力。

　　这本书得以完成，要感谢许多前

辈、亲友的协助。谢谢协助审订的杜婉茹治疗师、林瑜琳博士、侯胜茂院长、黄毓雅院长、黄晓灵教授、刘秀雯教授、赖盈达医师、苏泓洸主任。谢谢我在日本京都大学的老师中畑龙俊教授愿意帮我写推荐序，谢谢宅女小红、郭钟隆教授与陈菁徽医师的热情推荐。谢谢给予我诸多指导的陈中明主任、黄朝庆院长、叶健全教授、蔡明兰主任。

最后要谢谢我太太的闺蜜——妇产界的美女林思宏院长，以及陈菁徽医师一路陪伴，给予我们很多实际帮助。当然，最感谢的还是花了很多时间及心血，顺利将我想分享给大众的理念化为文字，促成本书诞生的亲爱的老婆大人——医师·娘/兔子。

爸爸也是很辛苦的啊！

张玺医师的简介

一个小留日生，长大后选择在日本鹿儿岛大学攻读医学士，因为那是距离家乡台湾最近的地方。后在日本京都大学取得医学博士学位，并先后在日本京都大学附属医院、三菱京都医院担任儿科主治医师。如今，他回到台湾，并养育了自己的孩子。从一个爸爸的角度，观察台湾的儿科生态，并给父母们最真切的儿科照顾指引。

作·者·序

医师·娘／兔子

医师·娘，是医师，也是娘的一位医师娘（医师娘，既是医生也是孩子娘），又被称作兔子医师。从祖辈开始就当医师的第三代医师。因为嫁给了号称中文不大好，不会打中文字的留日儿科医师，从此开始了写作人生。

从小在医香世家长大，曾经立志当家庭主（贵）妇，因此选择了同样有"家庭"两字的家庭医学科作为执业的专科。在不可知的神秘因素下莫名生了三胎，进入三宝的世界，再加上有个儿科医学博士老公，常成为身边妈妈友人咨询的对象。有感于（男性）儿科医师的医学科普往往有点不食人间烟火（也可能只是老公本人的问题，常常让老婆要左手握住右手以免失手拿重物痛击他的后脑勺），决定融合专业知识与个人经验出书，拯救广大新手爸妈们的婚姻（以及爸爸们的性命）。所以这本书不但是写给妈妈看的，更是写给爸爸看的。要想婆媳和乐、母慈子孝，这是一本居家旅游必备良书！重点是还很好看！各位人夫一定要买回家，摆在床头，晨昏定省，用荧光笔标记和做笔记，只在书店翻一翻，可没有保佑你的效果喔。

最初是从帮张玺写他的专栏开始，因为张玺的中文水平无法顺利撰写成流畅的文章，一直以来不是由记者采访再成文就是由我聆听完他（毫无章法又跳跃性思考的）发言，融会贯通之后书写而成。另一方面是我的挚友陈菁徽医师，自从她生了孩子以后，不论是孩子发热、腹泻，还是不睡觉一直哭，都跑来问我或张玺。过程当中，我们两位当妈的发现一件事情——儿科医师也许很会处理生病的小孩，但不一定懂得带小孩。虽然现在小孩洗澡和陪玩交给张玺都没有问题，但遇到要出门的情况交给他，一定会是一场悲剧！不是忘记带餐具就是纸尿裤，他无法独立完成打包一个完美的妈妈包这件事！**有鉴于此，出一本从妈妈的角度出发，由儿科医师审订的育儿指南的想法就此诞生了。**

在写稿的过程当中，除了一百零一次按捺住想杀夫的冲动之外（除了专业医疗知识以外，其他的部分张玺完全是一个"找妈妈就对了"派），发现要养好一个孩儿真的好难！除了儿科专业知识以外，很多小儿相关的疾病、心智发展与情绪教养，其实都自成一门学问。所以我要特别感谢这本书一路写来，给我很大帮助的亲朋好友们！谢谢杜婉茹治疗师、林瑜琳博士、侯胜茂院长、黄毓雅院长、黄晓灵教授、刘秀雯教授、赖盈达医师、苏泓洸主任，更不能漏掉林思宏院长倾全院之力提供书中照片的拍摄场景和道具。这些我亲爱的家人、学业上的前辈、友好的大学同学及好友们，没有你们，不可能完成这本书！献上一百万个爱心和吻，谢谢你们包容我的任性，忍受我的胡闹跟催促审稿。谢谢台湾师范大学健康促进与卫生教育学系的师长同学们，辛苦你们忍耐我赶稿时期阴晴不定的性子，尤其是郭钟隆教授被迫帮我写序，很感谢老师没有因此把我"拉黑"（双手合十）。老师您做善事一定健康喜乐活到一百二十岁。此外，还能获得张玺京都大学导师中畑龙俊教授（脐带血的发现者）的赞许与序文，隔壁超受欢迎的太太宅女小红的推荐，感觉在专业和江湖上都受到肯定，就算只是自我感觉良好，也是一个爽字啊。啊？你说陈菁徽也帮我写序，我没有感谢她？我们的交情可是刎（狼）颈（狈）之（为）交（奸）啊！我写的任何东西她一定都说赞的啊，这有什么问题吗？

医师·娘被称作"兔子"的由来

我就是要任性，戴兔子头套！

　　我常被好友叫"兔子"，至于这称号的由来，老实说我也忘了。只记得是在高中一年级开学的时候，班上有位同学自我介绍说"大家好，我叫陈菁徽，你们可以叫我小龟"，然后不知何时我就被她叫兔子。体育课常常要跟她比跑步，但是我们两个都跑得超慢（100米我22秒，她20秒），然后又不小心跟她一起上同样的大学，"兔子"这个名号就从我16岁开始跟着我到现在了……即使现在没有跟菁徽在同一家医院，我也很习惯自称为"兔子医师"，连签名都习惯签成"兔"字。不过仅限于私底下场合，我还没有神经粗到在院务会议的简报档上面署名"兔子"啦！

Part 1
日常照顾篇

让孩子健康成长每一天，
爸妈的育儿照顾必修课

爸爸妈妈自力自强，亲手照顾最有爱

让宝贝一面长大，一面学会自己来

Part 2
疾病篇

 宝贝生病有苦说不出，
爸妈必知的观察应变法

宝贝眼睛疾病护理及视力保健

应对意外伤害的急救指南

Part 3
饮食&作息篇

聪明健康吃，安心好好睡，
让宝贝身体壮壮的

家中聪明宝贝这样健康吃

家中宝贝这样安心好好睡

Part 4
认知发展&
情绪篇

陪孩子一起成长，理解宝贝如何一步步认识这个世界

培养宝贝全方位的认知发展

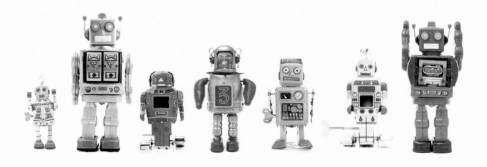

处理宝贝千变万化的情绪问题

0~7岁宝贝
各时期的发展发育里程

　　家中喜悦迎接新生命的到来，看着宝贝一天一天成长，对爸妈来说是最幸福的事。然而大多数新手妈妈对于宝宝的发育、照顾方法所知甚少，需要有经验的人给予指导，并帮其建立信心。在日本有专门负责这一块的人士，他们对妈妈们进行一对一的育儿教育。这些是现在中国比较缺乏的，特别缺乏专门的科普教育这一块。这也是我出这本书的初衷。

　　除了基本的身高、体重、头围等，幼儿的"发育"是另一大重点。日本儿科发展学特别重视年龄的里程碑（milestone）的概念。举例来说，满月要会笑，2个月可以追视，4个月脖子能挺住，4~5个月会翻身，7~8个月会坐，等等。对于年龄偏低的幼儿，发展评估比较强调动作发展的部分，随着年龄渐长，会慢慢增加对认知、语言等脑功能的评估。

宝宝的年龄发育发展

年龄：出生~满月

发育

　　满月时，宝宝大约比出生时重1.5千克，平均一天增加约50克。若少于平均25克／天（满月时增加的体重少于700克）时，建议找儿科医师进行评估。原则上，除非头围与身高变异过大，一般不会特别强调寻求儿科医师的帮助。

发展的里程碑

　　因为满月的宝宝肌肉还没有发育完全，所以他们还是软绵绵的。宝宝这个时期的观察重点为"当宝宝仰躺时，膝关节与肘关节有没有因为肢体自然蜷曲而离开床面"。若是瘫软成四关节（膝关节和肘关节）都碰触到床面，就有问题，建议找儿科医师进行评估。

年龄：满月~2个月

发育

此时期的体重观察重点同满月宝宝，头围的观察重点如下。

★头围若过大（男宝宝＞41.5厘米，女宝宝＞40.5厘米），排除遗传的因素后要考虑脑积水的可能性，观察囟门大小，建议去医院找医师安排脑部超声检查。

★头围若太小（男宝宝<36.4厘米，女宝宝<35.6厘米），要担心将来发育迟缓的可能性或是小头症。小头症和许多先天异常或遗传性疾病有关。

发展的里程碑

★两个月大的孩子逗他会笑，也具备追视的能力。

★直立抱着时可稍微维持头部直挺的姿势几秒钟。

两个月大的宝宝可稍微维持挺直脖子的姿势几秒钟。

医师·娘碎碎念

　　因为张医师的头围颇大，所以我家老大出生时头围就将近40厘米，满月时44厘米，严重超标。这就是遗传的因素，是正常的，谁叫他有个大头老爸。现在我家老大除了爱演"内心小剧场"，又爱顶嘴，还爱问为什么之外，其他一切都很正常。

　　满月~2个月的宝宝颈部肌力还未成熟，所以还需要用手护着宝宝颈部。

年龄：2~4个月

发育

　　4个月的婴儿体重平均6~9千克。这个时期的宝宝体重增长速度渐缓，大约平均每天25克。

发展的里程碑

★宝宝在趴着的时候，可抬头90度，并会往前直视。

★趴着时可用手肘顶住床面撑起上半身，手掌以握拳的姿态撑着床面，同时头可维持直视前方。

能抬头90度，往前直视。

会握拳。

能用手肘顶住床面，并直视前方。

★ 直抱宝宝时，他的腿会蹬弹（踢），若是脑瘫的孩子，腿就比较僵直，不会蹬弹。

★ 当测试宝宝脖子肌力时，可以让宝宝仰躺，并让他抓住自己的手拉起他的上半身，拉到一半的时候（约45度角），正常的宝宝会试图像仰卧起坐那样脖子用力想往上坐直。这个小测试也可以看宝宝抓握的肌力是否正常。

正常宝宝会抓握。

年龄：4个月～9个月

发育

6个月大开始添加辅食了。饮食转换期，体重的增加有时候会出现有些迟滞的现象。若宝宝动作发展没有落后，活动能力、精神状态都正常，就不必太担心体重增长问题。

发展的里程碑

★ 多数5个月大的孩子已会翻身。

★ 最晚7个月大还不会翻身，就要请小儿神经专科医师进行评估。

★ 进入"口腔期"，喜欢把东西塞进嘴巴。这并不是食欲强的表现，而是一种特殊的"共感觉（synesthesia）"，凭借舌头认识物品的质地、形状等，以辅助尚未成熟的手部触觉及眼部视觉认知。

★ 6个月大手掌可张开，抓握反射消失。

★ 七坐八爬并非绝对，通常可以接受延迟2个月左右。

5个月大的宝宝会翻身了。

进入"口腔期"的宝宝喜欢咬东西。

6个月大的宝宝手掌可张开。

医师·娘碎碎念

面对口腔期的孩子，可以准备一些固齿器类的玩具让宝宝尽情地啃咬，不必阻止宝宝将东西塞进嘴巴，但要小心宝宝别噎到。

年龄：10个月~2岁

发育

★ 体重增长更趋缓，甚至无感。

★ 身高、体重标准（50%）大约是75厘米、9千克。男宝宝会比女宝宝体格大一些。如果体重低于同月龄正常宝宝太多，建议去医院咨询。

发展的里程碑

行动方面

★ 10个月大的孩子开始能扶着东西站。

★ 1岁左右会扶着东西走。

★ 1岁开始发育"小动作"，例如拿纽扣，用指尖掐人等这类手指动作。

语言方面

★ 1岁以后开始会发出叠字音（爸爸、妈妈、哒哒），但此时还不知道自己发音的真正意义，也开始对自己的名字有所反应。

★ 1岁半左右开始对单字的意义有所理解，女童语言发展通常比男童早。

★ 2岁以前到"两词"程度，例如妈妈（我）不要（罚站）、爸爸（我想）看（动画片），就算合格。

医师·娘碎碎念

　　这个时期的个体差异性很大，要观察宝宝是"不愿意"还是"不能"。例如我的大女儿性子急，一直到1岁3个多月都不愿意走路，因为这时候走路还不稳，走路没有爬快。等到1岁半的一天她惊奇地发现她可以走得稳，甚至小跑，比爬还快，就再也不愿意爬了。但是我大侄女相反，会扶着站以后就急着走，就算摔倒或是走路不稳也无所谓，11个月大就可以牵着走了。

　　通常宝宝如果只是不愿意，在家长引导之下能做出符合发育年龄的动作，只是他们不会自主去做。若是不能，则是怎么从旁引导与协助，他们都无法完成。语言发展也是一样的道理，像张医师不爱讲话，虽然四十多岁了，可是我依然怀疑他语言发展迟缓，很想带去做相关治疗！

年龄：2～3岁

发展的里程碑

★渐渐地，从以自我为中心发展至团体人际互动。

★多动症、自闭症等的早期诊断是从这个时期开始。

年龄：3～7岁

发展的里程碑

　　这个时期的孩子几乎都在幼儿园里生活学习，现行的各种公立和私立幼儿园都有相配套的医疗机构进行体检。有异常，幼儿园会请家长带至医疗机构的相关科室进行诊疗。

医师·娘碎碎念

　　孩子精力旺盛是不是就是多动症？"专注力"才是关键！好动静不下来，但是可以专心地做一件事（例如一直踢球或是玩某个玩具），顶多是"太皮了"，最好的解决方式就是请爸爸陪他们进行一些消耗体力的游戏！

Part 1
日常照顾篇

让孩子健康成长每一天，
爸妈的育儿照顾必修课

爸爸妈妈自力自强，亲手照顾最有爱

开心又期待地迎接家中新成员后，爸妈开始肩负起照顾宝宝的责任，尤其对新手爸妈而言，许多状况都是第一次遇到，不免会手忙脚乱好一阵子。在接下来的章节中，将仔细介绍抱宝宝、背宝宝、帮宝宝洗澡、刷牙、更衣，以及选购推车、提篮、汽车安全座椅等相关内容，让各位在照顾宝宝时不再手足无措！

第一招：抱宝宝的正确方式

刚出生的新生儿相当柔软，尤其是颈部的肌肉还没有发育完全，所以抱宝宝最重要的就是托住脖子跟身体。一开始练习抱小婴儿的时候，最好用双手，一手以手掌托住婴儿的颈部与后脑勺，另一手整个托住婴儿的臀部。如果要长时间抱，用单手的话，可以让婴儿的头、颈靠在大人肘弯处，让宝宝身体沿着前臂靠着，手掌托住臀部。这时可以将月亮枕或抱枕等垫在手肘下面以减轻负担。若是让新生儿处于直立的状态，头部依靠在大人的肩窝处，一手托着臀部，另一手一定要护着小宝宝的头颈部。

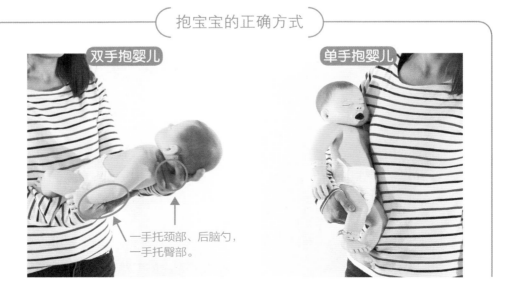

抱宝宝的正确方式

双手抱婴儿　　　单手抱婴儿

一手托颈部、后脑勺，
一手托臀部。

直立抱婴儿

直立抱婴儿

最重要的就是托住脖子跟身体。

　　随着婴儿成长，脖子渐渐有力气了，能抬得起头来，这时候抱他们就轻松得多（但体重会越来越不轻松哦）。大约4个月，婴儿在直立状态下头部可以保持稳定，就不需要妈妈特别用手掌一直撑着颈部了。不过这个月龄以后的孩子因为体重越来越重，光靠手臂的力量长时间抱着，会相当吃力，这时候选用适当的背带背着宝宝行动是不错的选择。

医师·娘碎碎念

　　刚出生的婴儿真的很软，很多人（尤其是男人）对于抱新生儿这件事情相当害怕。其实我自己刚生第一胎的时候也很怕抱婴儿，得先把手势摆好（双手臂摆成摇篮状）再叫别人把宝宝"摆"到我手上。

　　但是经过长期的观察和反复练习（就是一直生），到第三胎的时候我已经可以熟练地一手托住屁股一手托住头部，就像狮子王辛巴出生时的经典场景（高举）。所谓有志者事竟成，各位新手爸妈，只要不断练习（一个练不够就生两个，两个练不够就生三个），你也可以完整重现辛巴出生的经典场景！

第二招：背宝宝的正确方式

市面上的宝宝背带或背巾琳琅满目，该如何选用适合自己跟宝宝的产品呢？除了传说中用一块布就弄成背巾的奶奶级秘诀之外，大多数人都还是直接选购市场上的产品。大部分市售的背带不外乎单肩、双肩以及附腰凳这三类。一般来说，新生儿因为脖子力气还不能支撑头部，不建议使用背带，而腰凳式背带因为需要宝宝坐得住以后才能用，因此建议爸妈根据孩子的年龄，准备一条以上的背巾或背带来应付。

单肩式背带

大部分单肩式背带都是以布背带为主，有些双肩式的背带也有单肩的背法。但是不论哪一种，在装卸小宝宝的时候都需要技巧，最好在购买的时候请售货员好好示范与指导后再选购。这类背带在背宝宝的时候，因为包覆性强，可以给宝宝足够的安全感。

另外单肩式背带在背宝宝时都是"横背"为主，对新生的宝宝来说，这样的姿态比较符合人体工学和发展，因为它可以让宝宝在被背时脊椎呈现C字形，大腿髋关节也自然地蜷曲为M形。

布背带优点是收纳空间小，重量轻，携带方便，还可充当宝宝外出的小盖被。但是用单肩背带背婴儿时，对背者的肩颈负担较大，且身体受力不对称，如果是月龄稍大，有些重的宝宝，家长使用这类背带就比较吃力。慢慢宝宝"长大"之后，对外界好奇又好动，横背的方式往往会让宝宝"背不住"，想踢踢腿，扭扭腰，探头出去看看外面的世界，家长在背孩子的时候就会感觉非常辛苦。

双肩式背带

　　目前市场的主流背带还是以双肩式背带为主，有的是有加上腰凳的设计，有的强调护腰省力，保护脊椎。双肩式背带的背法通常宝宝会呈现直立的姿势，要注意宝宝在被背起来的时候，双腿呈现M形的姿势，对髋关节比较好。另外腰凳式的设计因为需要宝宝自己"坐"在腰凳上，这就要宝宝的脊椎具有一定的强度。若选择使用腰凳款，较大宝宝（9个月以上）使用比较适当。而且腰凳式背带的包覆度不紧，对月龄低的宝宝来说支撑力不足。至于背带本身是否加上了护脊椎或是护腰的设计，就看家长自身感受的舒适度了。

> ### 正确与错误背带示范

好的双肩式背带应该让宝宝的双腿呈现M形。

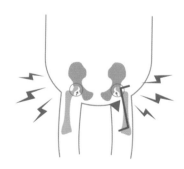

膝盖没有得到大腿的支撑，会对髋骨关节产生下拉力量。

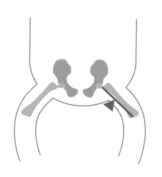

宝宝在背带上应呈M形坐姿，膝盖能得到大腿的支撑。

医师·娘背带之路

　　婴儿背带让妈妈爸爸们带宝宝外出活动更方便，不但减轻负担，还能增进亲子亲密接触。挑选实用、符合自己需求的背带，是新手爸妈必需的配备之一。

　　第一胎没有经验，我买了没有护腰功能的背带，结果用了不到五次。因为照顾老大的时候只有一个孩子，到哪都用婴儿车推着他（市政府的无障碍设施政策，让我到哪去都可以一车到底，真的很方便）。但是随着老二、老三的出生，我发现要推着婴儿车追逐幼儿需要"洪荒之力"，奠定了我必买背带的需求。不过之后的背带都不是我买的，因为，都是人家送的，应该说我都接收家人朋友的恩典牌啦！

　　因为我买的第一条背带没有护腰，孩子六千克以上我根本无法持续背着他超过1小时，因此下定决心要找一条很护腰的背带。当时我表妹的孩子已经大了，就把她觉得用起来相当护腰的背带给了我，一背之下惊为天人，我可以背着小朋友玩追逐游戏！！只差没有发出银铃般的笑声了！！

　　后来朋友在团购腰凳款背带的时候问我要不要一起团购，因为团购价太便宜，就没跟我收钱（有友如此，夫复何求！人生的路上就是要有很多个这样的好朋友，人生才圆满），因此又意外获得腰凳款背带。我发现最好用的地方就是当我坐下来吃饭的时候，小茜不甘寂寞吵着要抱时，让她坐在腰凳上看大人一起吃饭相当受用。只要一只手揽着她，稳稳当当地坐在凳子上，我还能空出一只手吃饭呢！当妈以后标准就是这么低。

所以对于背带，我的建议是，如果你居住的地方无障碍设施做得很好、只有一个孩子的时候，用到的机会并不多。但是如果你打算生几个孩子，或是你居住的地方不是那么方便到处飙婴儿车，那背带会是你的心头好物。月龄小的孩子因为脊椎和颈部力气还不够，单肩式布背带或是包覆性强的双肩款比较适合，较大的婴儿（6个月以上）因为体重通常都会超过6千克，最好有加强脊椎背部和腰部保护的款式，对家长伤害小。

　　前面提到使用背带时，要特别注意小孩背起来的时候双腿最好呈M形大开状，对他们的髋关节比较好。选购的时候要请售货员确实教导使用的方式，因为每一个厂家扣扣的方式都不相同，一开始还是要多练习比较好，况且孩子不会乖乖地躺着或是坐着让你扣上扣带，他们是活物啊！活物！会一直扭个不停让你很难做出动作！

　　好的背带让妈妈上天堂，难用的背带让妈妈腰酸背痛。市面上的背带品牌种类五花八门，前面有介绍单肩式与双肩式的背带，建议爸妈们根据孩子的月龄，挑选实用、符合爸妈与宝宝需求的背带。购买前多比较不同产品，并熟悉使用方法，就可以舒舒服服地背着宝宝四处走啦！

第三招：帮宝宝好好洗个澡

在产妇住院时或是在月子中心，都会有这一课程——教爸爸妈妈如何帮宝宝洗澡。但是第一次帮自己的宝宝洗澡，父母往往慌张得手忙脚乱。

新生儿洗澡原则

从干净的地方洗到脏的地方：眼睛 → 脸 → 躯干 → 四肢 → 穿纸尿裤处。

★ 洗澡预备

内衣、外衣、纸尿裤、乳液和大浴巾。

★ 适合洗澡的时机

（新生儿）喂奶前洗澡，可避免喂奶后满肚奶，因为吐奶造成呛伤。（婴幼儿）外出返家后，将身体、衣物沾到的致敏原和病原体清洁干净，可以避免过敏或感染。

★ 场所

浴室的室温以25～27℃，洗澡水以38～40℃为佳。要记得先加冷水再加热水，以免烫伤宝宝。

★ 新生儿洗澡的步骤

Step 1. 新生儿洗澡的姿势

以橄榄球式抱法支撑宝宝。

医师·娘小叮咛

开始洗澡时，宝宝的内衣和纸尿裤不必急着脱光，先从洗脸和洗头开始。

Step 2. 洗脸

　　洗脸的时候用清水即可，不必用清洁产品，先从眼睛开始，用纱布或是小浴巾由眼睛内侧往外擦拭，方向单一，不可来回擦拭。再来清洁耳朵、鼻孔，最后擦拭整张脸。

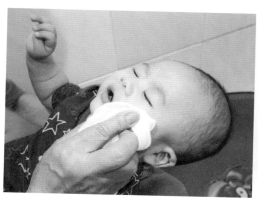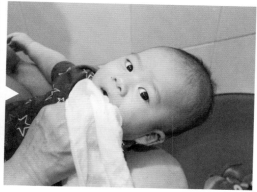

Step 3. 洗头

　　用水将头发轻轻弄湿，以大拇指、中指压住耳朵，以防止水流入耳内。将洗发水抹在手上轻轻搓揉宝宝头发和头皮，再用清水冲干净，擦干。

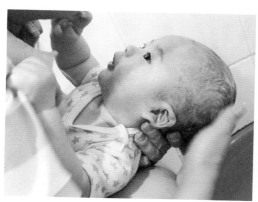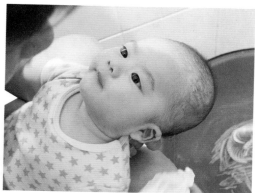

Step 4. 脱衣服

洗完头和脸以后，将衣服、纸尿裤等脱掉后开始洗身体。

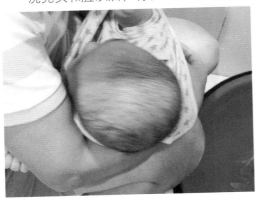

Step 5. 洗身体

❶ 让宝宝"躺"在大人臂弯中，先用澡盆内的水轻轻拍在前胸，让宝宝适应水温。然后将宝宝慢慢浸入澡盆，一手抓稳大人身体远端宝宝的手臂。这时候开始清洗宝宝的前胸、上肢、腹部和下肢。特别注意那些皱褶的部位，如腋下、脖子处要拨开清洗。

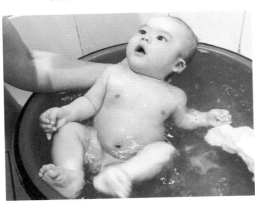

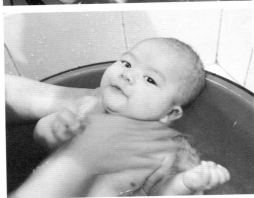

❷ 然后让宝宝"趴"在大人前臂上洗背部，一样是一手抓稳大人身体远端宝宝的手臂，避免宝宝整个人沉入水中，洗背部、臀部和下肢。

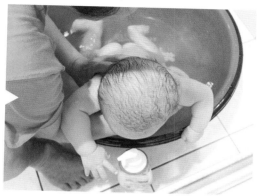

Step 6. 洗生殖器

生殖器部位的清洁，男宝和女宝略有不同。

❶ 首先让婴儿回复至仰躺在大人臂弯的姿势，肛门、会阴处如果有粪便，要先擦拭干净，以免造成皮肤刺激形成红屁屁。

❷ 女宝清洗会阴部时，轻轻分开大阴唇自上而下冲洗，然后由前向后擦。

❸ 男宝洗"小鸡鸡"的时候，因为婴幼儿皆为包茎，所以将包皮轻柔地褪至"不会引起疼痛"的程度，露出的部分用清水清洗即可，推开包皮的时候可以先用清水冲一冲，增加润滑的效果；其余的尿道口、包皮皱褶和阴囊用清水洗净。

Step 7. 擦干

用大浴巾以按压方式吸干宝宝身上的水，注意耳后、关节及皮肤皱褶处。

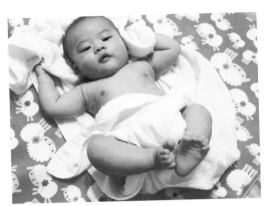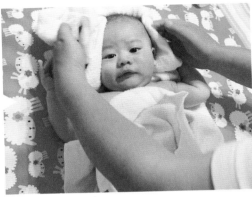

Step 8. 抹乳液

❶ 使用婴儿身体乳液，以"1角硬币大小的乳液＝大人两个手掌大的面积"为原则挤出适当的量。以1岁以内的婴幼儿为例，通常躯干前侧加上后背就是两个1角硬币的量，两腿各自也需要1角硬币的量，两手加起来也是一个1角硬币的量。

❷ 抹乳液的时候最好像大人脸部保养一样，将乳液分多点抹在欲擦拭的部位再轻柔地抹开、涂匀。宝宝指间需要仔细地抹上乳液。擦完乳液要有一点点湿润略带滑腻感，太过于干爽就表示乳液抹得不够。简单的辨认方式就是在皮肤上轻放上一张卫生纸，看看它会不会滑落，足够的乳液才能达到保湿的效果。认真地擦乳液做好皮肤保养可以降低宝宝将来出现皮炎的概率，至少要认真执行到2岁才好。

Step 9. 穿衣

等乳液晾干后，依序帮宝宝穿上内衣、纸尿裤和外衣。

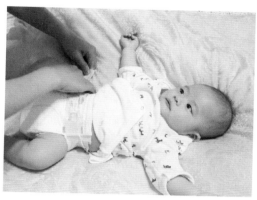 

较大宝宝洗澡

原则上洗澡的顺序跟新生儿一样：从干净的地方洗到脏的地方。不过当宝宝可以自行坐在澡盆或是站在浴室，就可以直接全身脱光光，不需要先洗头洗脸再脱衣了。如果宝宝无法接受脸部有水流流过，可以使用洗发帽来帮他洗头。

有的小朋友在洗澡的时候，可能因为衣服被脱光或不习惯碰水而焦虑哭闹。家长可以一边洗澡一边跟宝宝对话或是给宝宝唱歌来安抚他们的情绪。另外洗澡玩具对吸引较大的孩子乖乖洗澡也很好用。

医师·娘碎碎念

我老实自首，即便我生了三胎，还是不会帮小婴儿洗澡。对我来说，软绵绵又滑溜的婴儿根本不知道该怎么抓。但是张医师洗小孩就很厉害，宝宝在他手上前翻、后翻，不到3分钟就洗完了。所以别再说帮小孩洗澡是妈妈的天职了，只要有心，男人也可以洗小孩！

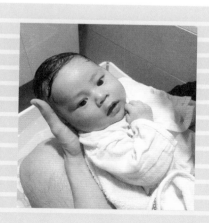

第四招：帮宝宝正确洁牙

宝宝的牙齿在6个月到2岁半会开始长出人生的第一套牙齿——乳牙。大约在小学一年级（6~7岁）时，乳开逐步脱落更换为恒齿。孩子会因为个体身体状况差异，出现长牙速度不同的情况，家长不必过度担心，除非超过1岁还没长出"第一颗牙"，才需要带宝宝去医院找牙科医师或是儿科医师评估。

极少数的概率（大约十万分之一）会是因为"先天性外胚层发育不良"造成不长牙，这类疾病通常还会合并头发、指甲、腺体等其他的发育异常。所以如果宝宝头发、指甲、腺体都正常，一般不需要特别担心。

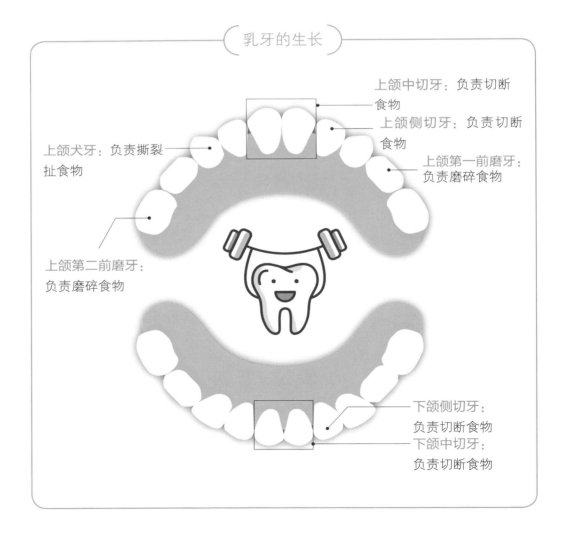

乳牙的生长

上颌中切牙：负责切断食物

上颌侧切牙：负责切断食物

上颌犬牙：负责撕裂扯食物

上颌第一前磨牙：负责磨碎食物

上颌第二前磨牙：负责磨碎食物

下颌侧切牙：负责切断食物

下颌中切牙：负责切断食物

		乳牙	恒牙出牙时间
上颌	中切牙	7~8个月	6~7岁
	侧切牙	8~12个月	7~8岁
	犬牙	16~20个月	11~12岁
	第一前磨牙		10~11岁
	第二前磨牙		10~12岁
	第一磨牙	12~16个月	6~7岁
	第二磨牙	20~30个月	12~13岁
	第三磨牙		17~21岁
下颌	中切牙	6~7个月	6~7岁
	侧切牙	7~8个月	7~8岁
	犬牙	16~20个月	9~10岁
	第一前磨牙		10~12岁
	第二前磨牙		11~12岁
	第一磨牙	12~16个月	6~7岁
	第二磨牙	20~30个月	11~13岁
	第三磨牙		17~21岁

孩子长牙的问题

关于长牙，常听到家长说这两个问题，我们来看看这些说法是否正确。

问题❶：我的孩子牙齿长不出来，即使长出来也是速度很慢，是不是缺钙？

不论是母乳喂养还是人工喂养，现在的孩子基本上营养都算均衡，要真的缺钙还不那么容易呢！有时候会遇到一些推销人员向家长们宣称小孩长牙慢、长不高、容易生病、食欲不振……各种奇奇怪怪的问题都是因为"缺钙"，进而推销一些补钙产品。这些都没有任何根据，而且过度补钙反而会增加肾结石的风险，也会增加肾脏负担。

问题❷：宝宝长牙时是不是会发热？

别再把发热的责任推给长牙了！上一段提过，通常第一颗牙齿在孩子6~7个月大时长出，这个时期刚好也是妈妈给小朋友的抗体开始减弱至消失的时候。所以半岁以上，孩子开始容易"感冒"，其实是从母体带来的抗体减弱导致的，不是因为长牙才发烧的。而所谓的感冒都是由病毒或（和）细菌感染引发的。日本有关部门曾经统计过，半岁以上的孩子到小学一年级之前，平均一个月感冒（可能会发热）一次。

而长牙的过程可能因为牙龈不适，再加上处于口腔期等因素，孩子喜欢将手放进嘴里。这样的动作大大增加了病原体进入身体的概率，当然就容易造成病毒或（和）细菌感染而发热了。长牙只是凑巧发生在同一个时期而已。因此帮宝宝勤洗手才是真正能够降低长牙期的孩子发热的方法。

如何帮宝宝刷牙

宝宝只要长出第一颗牙，就要开始刷牙了。随着第一颗乳牙长出来，宝宝的口腔清洁大战也随之开始。

在6个月大到1岁这个时程，宝宝的牙齿平均长出4~8颗，而且集中在前面。所以家长用干净的抛弃式纱布缠绕于手指上，擦拭牙齿的表面，将牙菌斑清除即可。也有的儿童牙医建议从宝宝第一颗牙长出就用牙膏牙刷给宝宝刷牙，一天两次，尤其是宝宝睡觉前刷牙特别重要。若是奶睡的宝宝，因为此时长出的牙齿通常会集中在牙床的前段，轻轻拨开嘴唇即可擦拭。

1岁以后的孩子，后面磨碎食物的磨牙也长出来了，同时手部抓握的能力也发展出

来，可以选择用乳牙牙刷给宝宝刷牙。建议应由家长或照顾者协助宝宝清洁牙齿。

此时，除了纱布擦拭之外，需要使用牙刷清洁牙齿的表面、牙沟凹槽，也要使用牙线清洁牙缝。使用牙线的力道要轻，否则会伤到牙龈！因为1岁以后的孩子吃奶以外的食品比较多，会有食物残渣卡在牙缝里，所以除了睡前的刷牙之外，餐后刷牙也很重要。

爸妈可让宝宝躺在自己的大腿或小腹上，最好将宝宝头部往左或右偏45度，以防止宝宝的口水哽在喉部。

正确**刷牙姿势**

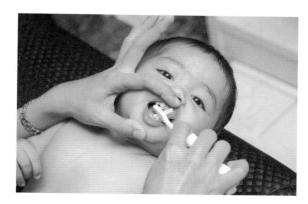

错误**刷牙姿势**

温馨提醒

❶ 孩子手部发展未成熟，需家长协助刷牙。

❷ 千万别让孩子含奶瓶睡觉，以避免奶瓶龋发生。

❸ 养成定期看口腔门诊的习惯，每六个月涂一次氟以保护牙齿。

帮孩子刷牙的理想与现实

VS

理想

乖巧地被刷。

现实

妈妈用大腿压着孩子，孩子崩溃大哭。

医师·娘碎碎念

　　要这个年纪的"半兽人"自愿乖巧地"啊——"张开嘴巴让我们给他刷牙，真的是一种赌博的行为。所以我都是盘腿坐在地上，让他头枕在我腿间说"啊——"，让孩子看得到我的脸，这个角度也方便我看清楚他口腔的全貌。同时要让他手上拿着可以躺着看的玩具来吸引他，有时候也可以给他小镜子看妈妈帮自己刷牙。握着牙刷的手势像拿笔，这样清洁牙齿表面与牙龈的力道不会太重。

第五招：帮宝宝顺利穿衣

要帮宝宝顺利更衣，首先要选择合适的衣物。除了衣服的材质、保暖或是吸汗度之外，不同年龄的宝宝适合的衣服款式也不同。3个月前的宝宝，因为脖子还无法长时间抬起来，所以帮他们更衣时他们必须躺着。在着装上，开襟式的纱布衣、棉衣或是前开式的连体衣较为适合。套头式的款式在月龄这么小的孩子身上换起来很不方便，因为穿脱的时候要特别注意头部和颈部的支撑。当帮他们穿脱衣服的时候，最好在高度适当的平台上进行。将要穿着的衣物先摊开来铺好，如果要穿两层以上有袖的衣物，先将两层袖子套好，再将宝宝放置在衣物上，大人的手从袖口伸入抓住宝宝的手再轻轻地拉出来，就可以顺利地穿上了（如下图）。

帮宝宝穿衣服

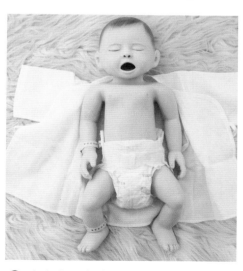 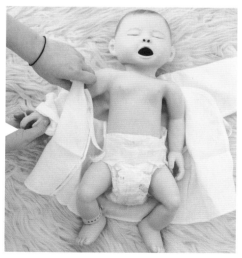

❶ 在高度适当的平台上摊开要穿的衣物，将宝宝放置在衣物上。
❷ 大人的手从袖口伸入抓住宝宝的手，再轻轻地拉出来。

有些爸妈一开始可能会因为觉得宝宝很软、很脆弱，不敢拉他们的胳膊，但是这样反而会让自己更手忙脚乱。帮宝宝更衣的重点就是手抓住宝宝的手之后，用另一只手把衣服往宝宝肩膀的方向拉平，宝宝的手臂自然就会穿过袖子了。

裤子也是一样，从裤脚伸入抓住宝宝的脚轻轻拉出，就能够轻松帮软绵绵的小宝宝穿上裤子（见下图《帮宝宝穿裤子》）。戴手套和穿袜子类似，将手套或袜子开口撑开到露出底部，一口气将宝宝的手套或袜子套入底部以后，顺着宝宝手或脚的形状往上拉直到开口刚好束住手腕或脚踝（见下图《帮宝宝戴手套或穿袜子》）。

帮宝宝穿裤子

帮宝宝戴手套或穿袜子

宝宝因为常常会被抱起来，所以最好贴身的衣服要是连体的，因为宝宝被直立地抱起来的时候，肚子、腰部会拉长伸展，如果穿的分身衣服，这时候上衣跟裤子就会分开让肚子裸露出来。如果内搭一件连体包屁衣款式的贴身衣物，就不会让肚子轻易地裸露了。

衣服的材质选择上要根据宝宝所待空间的温度与湿度来决定。可以用手探探宝宝的背部，如果汗流浃背就表示衣服太多、宝宝过热，要脱掉一两件衣物。过多的衣服不但会让宝宝感到过热，不舒服，大量流汗也可能造成脱水。汗水本身对皮肤也会产生刺激，可能引发热疹。

第六招：选购合适的推车、婴儿提篮和汽车安全座椅

推车

选购推车，第一要务就是"使用者用起来舒服"。如果是个身高190厘米的爸爸，选了一般高度的推车，因为把手高度不够高，每次推都得弯腰驼背，就很容易腰酸背痛。这样，推车的任务就会不自觉地落在妈妈的身上。或是家住在没有电梯的五楼，结果选了重5千克，轮胎大、无法折叠的"战车款"推车，虽然在路上很好推，但是每天扛上扛下也不是办法。

通常推车好推的条件就是轮子大、重心稳，但是代价就是整个婴儿车的空间跟重量相当有分量。轻便好收纳的款式虽然旅行很方便，但是往往轮子较小，在崎岖不平的路上容易卡住轮子。

每一个婴儿车可以载重的限重都不太一

样。通常1岁宝宝的体重是10千克上下，3岁宝宝在15千克上下。市售的婴儿车大部分都是设计使用到3岁左右，所以大部分限重15~20千克。轻便型的婴儿车，有一些品牌标榜收纳后的大小可以放进机舱的行李放置柜，所以主打不必托运，可登机。要注意的是，有时候因为乘客较满，随机行李多的时候，航空公司可能会拒绝婴儿车登机，这要向地勤工作人员特别询问。所以到底自己适合哪款推车，要准备几个推车，要根据自己的居住环境、使用目的、使用者来决定。最重要的是，一定要现场自己试推并进行收纳操作。

婴儿提篮

　　有些婴儿车的款式是搭配提篮的，通常提篮也具有安全座椅的功能。但是提篮一般只能装载婴儿到1岁多，而且价格并不便宜。因此如果是第一胎，又计划"龙生九子"，就适合选择婴儿提篮结合婴儿车款。

汽车安全座椅

　　开车带孩子出门的时候，一定要让他们坐在安全座椅上面。1岁以下的小孩最好是面向车尾的方向乘坐安全座椅。不论是用安全带固定或是儿童安全座椅固定系统（ISO-FIX系统）固定在后座，只要正确安装并正确系好安全带就可以。

　　安全带固定分两点式或三点式，大部分的汽车安全座椅都是对应三点式安全带固定的。车内最安全的位置其实是后座中间的座位，如果要把汽车安全座椅放在后座的中间，要注意选购的产品可以对应两点式安全带固定。

　　现在大部分的车款都有配备ISO-FIX系统，ISO-FIX系统国际标准是1999年欧洲为汽车用婴儿或儿童安全座椅锚固系统设立的标准。使用ISO-FIX系统固定的汽车安全座椅，受到冲撞的时候不容易飞出去。但是如果宝宝正确地坐在汽车安全座椅上并系好安全带，即使整个安全座椅飞出去，它也可以提供一定程度的保护作用。

　　在安装汽车安全座椅之前，最好先让宝宝坐上去，调整好安全带的松紧后再将安全座椅安装在汽车上。所谓"适当的松紧度"就是扣好安全带之后，安全带与宝宝的身体之间约有一个手指的松紧度。当面向车尾时，固定双肩跟上半身的安全带高度，要在略低于宝宝肩膀高度的位置，锁扣的位置大约在宝宝胸骨到腋下的高度。1岁以上的宝宝面向车前方向时，固定双肩跟上身的安全带高度要大约与肩膀同高或是稍微高一些。

　　要注意的是，那些厚重的衣物或是棉被毯子不会在车子被冲撞时提供足够的缓冲力，所以在乘坐汽车安全座椅时，小孩最好是仅着薄衣，如果有保暖的需求就在坐好系好安全带之后，再披上外套或是盖上毯子即可。因为过厚的衣物会影响安全带的松紧度，如果安全带不够紧会让宝宝的身体在多余的空间里滑动。发生冲撞的时候，有可能因为身体滑动造成安全带勒住颈部，前胸骨骼肌肉或内脏强烈拉伤或骨折，这都会造成严重的外伤，甚至死亡。同样的，汽车安全座椅的安全带不可以有翻面或是对折的情况，在系上安全带之后如果有翻面的状况，一定要翻回来，呈现整条平整的状态。

　　汽车安全座椅摆放的位置，最安全的位置为后座中间，但是很多车在这个位置并没有三点式安全带，因此使用安全带固定式的汽车安全座椅就要选择后座其他位置。前座因为有安全气囊，并不适合放置，发生冲撞的时候爆出的安全气囊会伤害到孩子。正确地安装汽车安全座椅后，应该用力摇一下汽车安全座椅以确保它也不会摇晃。

让宝贝一面长大，
一面学会自己来

本书的第19页"爸妈该注意的事"，有宝宝发展的时间表。5个月已会翻身，7个月开始坐，8个月开始爬，1岁扶着东西走。当宝宝开始探索这个世界以后，我们要帮他们准备一个安全的环境让他们尽情地"冒险"，这样宝宝才能安全成长。

第一招：宝宝安全翻

当宝宝开始翻身以后，他们就具有最初的移动位置能力了。所以除非是有床栏的婴儿床，如果是放在大人的床上，一定要配置安全床栏，以防止宝宝摔下床，或是随时有大人在旁边看着。但是也曾经发生宝宝的头卡在床栏跟墙壁之间导致窒息的不幸事件，所以如果大人要暂时离开宝宝身边，最好将宝宝放在婴儿床内，床垫与床栏不能有缝隙，避免宝宝翻到边上时卡住。

游戏床也是不错的选择，如果妈妈在做家务时，可移动式的游戏床就能方便妈妈将宝宝放在视线可及之处，尽可能不将宝宝单独留在房间内，要随时有大人在旁边。床旁的地板最好铺上具有防滑功能的无毒软垫，这样一来，即使宝宝真的不小心从床上摔下来，也不至于受到太大的撞击。另外，宝宝躺卧的床上不要放太多的玩偶、抱枕，以免宝宝翻身滚进去被埋没而窒息。

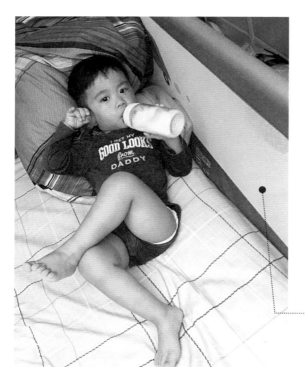

安全床栏

游戏床。

第二招：宝宝安全坐

"七坐八爬"代表的意义就是，宝宝的发育有他自己的时间。宝宝的脊椎和肌肉在出生以后还会继续发育生长，新生儿的脊椎呈C字形，直到1岁左右颈椎和腰椎的S形才会慢慢出现。因此过早让宝宝长时间坐着，对他们的脊椎发展没有好处。大约半岁的时候，孩子就会表现出想坐的欲望，但是这个时候因为还没发育成熟，往往坐不稳，身体会往旁边倒，因此这时候宝宝的座椅要对他的躯干有足够的支撑力，同时也尽量不要让宝宝坐超过半小时。待宝宝脊椎发育稳定，骨骼、神经系统和肌肉协调能力成熟后，宝宝的躯干也会越来越有力，自然就坐得稳了。

这里再次强调，宝宝的发展顺其自然就好了，提早"训练"他们并不会有任何好的成效，除非宝宝有发育迟缓的现象。如果有迟缓的疑虑，也应该寻求专业的评估和治疗，千万不要"闭门造车"，自己锻炼孩子，否则，反而揠苗助长，得不偿失。

家长在陪伴宝宝成长探索的过程当中，能为他们提供的就是营造一个安全的环境。宝宝5~6个月大的时候，颈部已经可以长时间保持平视，这个阶段宝宝想要练习坐着（因为比趴着或躺着的视野更好），但是因为整体的肌力和协调能力尚未成熟，所以还无法自行稳住身体。我们可以坐在宝宝的前方或是后方，扶住他的骨盆或腰部来支撑宝宝坐稳。当宝宝练习坐的时候，一定要有大人在旁边陪伴，特别是宝宝坐在床上的时候，一定要避免宝宝坐不稳从床上滚落。也可以用厚毛巾、棉被、枕头等包围住宝宝让他不会滚落，地板也铺上垫子以减小一旦跌落撞击时的冲击力。

第三招：宝宝安全爬

当宝宝开始爬，一开始会先以倒退的姿势移动，慢慢地随着肌力的增长，学会往前爬、转弯，甚至还有"超车、蛇行和甩尾"的技能。不管宝宝是秀气地慢慢爬，还是做"飙车"状爬行，他所能探索的范围更广了！

从这个时期开始家长也更头痛了！这个时期宝宝的好奇心非常旺盛，又开始有能力到处探索，所以他们会对所看到、碰到的事物非常感兴趣，包括位于低处的插座、放在地上的蟑螂药、各种插头电线、掉在地上的垃圾……所以宝宝会爬以后，他视线所及、伸手可得之处，统统要彻查一遍。尤其是低位的插座，一定要用保护套塞起来。因为宝宝天性对于缝隙感兴趣，喜欢用手去抠，若是抠到插座触电，后果就不言而喻了。

另外像是门缝，尤其是门的转轴与墙壁间的地方，因为平常不会特别注意，有时候

插座保护套可以防止宝宝手指伸入插孔。

儿童安全橱柜锁可以防止孩子随意打开家中橱柜。

宝宝爬到门轴旁边，把手伸在门轴的缝隙，很容易夹到宝宝的手。另外低位的任何柜子最好都锁上，或是使用儿童安全橱柜锁。柜子里面也不要放危险的物品，例如药品、剪刀等。

摆放在高位的重物，一定要特别固定。曾经发生过电视摆在柜子上，结果掉下来砸死宝宝的事故。高大的柜子一定要钉上与墙壁固定的钉子，以免柜子倒了砸伤宝宝。

👶 第四招：宝宝安全走

宝宝学习走路的过程是：扶着站→扶着走→放手走。

一开始一定走得不是很稳，这才叫"蹒跚学步"。这时候保护防跌最重要。家中的桌脚、柜角，都要贴上防撞缓冲，桌子茶几若是铺着桌布，垂下来的地方必须要让宝宝扯不到，以免他们用力拉扯，桌布上的物品跟着滑落而砸伤宝宝。窗帘的拉绳务必束起来让宝宝拉不到，曾经发生过宝宝玩窗帘拉绳不小心把自己绞死的事故，不可不慎！另外，因为宝宝一开始会扶着物品走，所以有滑轮的家具，例如有滑轮的椅子、电脑桌等，要固定好。

有些家长喜欢选择学步车来帮助孩子学习走路。其实不论有没有这些辅助道具，孩子自然而然都可以成功地学会走路。美国儿科学会已经对学步车提出警告，主要的问题是学步车会对小朋友造成安全隐患。大部分伤害来自于学步车会让这阶段的孩子拥有超出他实际上的移动能力而对他造成危害。根据发达国家的相关机构研究统计，学步车最常造成的危险有三方面：①摔落楼梯。②烫伤或中毒。③溺水、窒息。这几项都是"超乎宝宝年纪的移动能力"所致。

婴幼儿在使用学步车时，起始移动速率可达1米／秒，因此冲撞造成的伤害也远超过他们自行行走跌倒造成的伤害。若真的很想使用学步车，必须符合下面的原则：①选用合格的产品。②使用时有大人在场监控。③出入任何门口（特别是楼梯口）都必须有阻挡物，不让学步车通过。当然，不使用学步车是最好的，因为目前医学界没有任何证据显示使用学步车可以帮助孩子学习走路。

第五招：孩子自己上厕所

孩子开始自己如厕，并没有一个固定的年纪，需要孩子具备能够清楚表达的能力以及理解能力才行。到底该多大开始训练小朋友如厕？根据过去的种种文献资料显示，大约在2岁开始，到3岁之前，大部分孩子可以完成如厕训练。有趣的是，有研究报告指出，老大及男宝宝的训练通常起始时间较晚，需要的训练时间也较长。

现在的观念认为上厕所跟其他的行为发展一样，是一个渐进的过程。因此需要小朋友的大脑发育成熟（膀胱与尿道的协调能力）、心智发展足够（认知、保持干净的欲望、对大小便的理解与模仿能力）和动作发展上足够（表达能力、穿脱裤子、走到厕所并坐上马桶、括约肌的收放控制），进行如厕的训练才有意义。一般来说，超过4岁都还不能自主地控制大小便，就需要就医进行评估。

要让孩子学习上厕所，从理解大小便的场所开始，教导孩子"厕所"就是大小便的

地方，然后要在厕所的"马桶"上大小便。可以选择固定的时间让孩子蹲马桶。早上起床后与睡觉前，其他的时间每1～2小时就让孩子固定去厕所。如果孩子已经上幼儿园，跟老师说一下，课间的休息时间也要提醒孩子上厕所，去过才能跟同学一起玩。

　　不论使用小鸭鸭马桶座还是将一个幼儿马桶坐垫放在成人马桶上都可以。让孩子理解"上厕所"，就是去厕所的马桶上面坐着，努力挤出一两滴尿或是一两颗便便。要注意，固定时间让孩子蹲马桶，不能蹲太久，太久的话孩子会不专心，就丧失"蹲马桶＝大小便"的联系了。因此如果超过5分钟孩子都没有任何"产出"，就让他们离开厕所。

　　孩子开始懂得说"我尿尿了"或是"我大便了"后，在孩子说出口以后也可以当下让孩子去厕所坐一下马桶，跟他们说："以后尿尿跟大便就是要来厕所坐马桶。"一开始一定都来不及，但是随着年龄增长，小朋友会渐渐进步，直到真的尿出来之前就懂得去厕所。

　　正向的鼓励绝对有帮助，如果孩子有进步（例如本来都尿出来才说"我要尿尿"，某次在尿之前就说了，然后顺利去坐马桶尿尿），就用语言鼓励来正向增强这个行为。但是反过来，负面警告或是惩戒，对于协助孩子建立自行上厕所的能力并没有帮助。这个年龄的孩子很容易因为注意力不集中，玩到忘我等原因而来不及说要大小便。理解他们忘记说的原因，协助孩子找到解决的方案，更能帮孩子建立信心。例如"这次是因为你跟妹妹滑滑梯玩得太高兴，忘记去尿尿了，对不对？那下次去游乐场之前先去上厕所再玩，好吗？"

成功的如厕训练，需要家长配合小朋友发展的成熟度来循序渐进地进行。每个宝宝的气质都不一样，同伴间互相比较不但没有意义，反而会造成小朋友自尊受损或紧张焦虑的情绪，反倒让如厕行为恶化。除非是超过4岁，甚至5岁都还时常有尿失禁的现象，就要考虑是生理性问题引起的，必须就医进行评估。有时候短暂性的尿失禁，特别是那些已经完成如厕训练后，又退化产生尿失禁行为的孩子，要考虑精神压力的可能性。

第六招：孩子自己来刷牙

人的一生有两套牙齿：乳牙与恒牙，孩子在6~7岁由乳牙换为恒牙。恒牙的意思就是用一辈子的牙齿，所以就像保护视力一样，让孩子养成正确的刷牙习惯非常重要。此外，也别忘了定期带孩子到牙科诊所检查口腔，给牙齿涂氟。

有科学证据表明，3~7岁的幼儿，有效预防蛀牙（龋齿）的最佳方法有三种。

1 每天用含氟牙膏至少刷牙两次（其中一次为睡前，高氟饮水区不建议使用含氟牙膏）。
2 照顾者协助或监督幼儿刷牙。
3 6个月涂氟一次。

预防孩子成为"无齿之徒"

3~7岁的孩子，已经可以开始学习自己刷牙了。但是因为手部灵活度和力气都不够等因素，一般建议从水平刷牙法和画圈刷牙法教导训练他们。

训练手的灵活度

❶ 水平刷牙法

牙刷的刷毛与牙轴呈90度角接触，前后方向来回移动，一次一颗一颗耐心地刷。

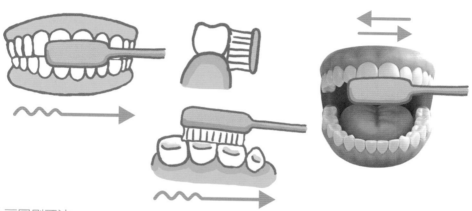

❷ 画圆刷牙法

又称为"冯式刷牙法"，刷毛与牙面呈90度角，颊侧做大圆形运动，舌侧水平前后运动。这个方法是最容易操作的刷牙方法，对幼儿或者行动不便的人是最佳选择。

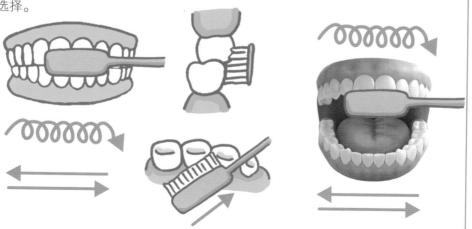

牙膏的选择要注意成分当中含氟量，标示不清或是过低的产品都不建议选购。牙膏每次的使用量建议约一个豌豆大小。建议给孩子选择好握、刷毛偏软和刷头大小合适的牙刷，并每3～4个月更换一次牙刷。即使刷毛还没变形也要更换，以避免细菌滋生。

各式刷牙法比较表

	水平刷牙法	画圈刷牙法	巴氏刷牙法[1]	改良式巴氏刷牙法
适合对象	学龄前、低年级孩子		中高年级孩子	成人
操作方法	刷毛与牙齿长轴成90度角接触，来回刷	刷毛与牙齿表面呈90度角→颊侧作大圆形方式刷→舌侧以水平前后方式刷	刷毛朝牙根尖并涵盖一点牙龈→刷毛与牙齿表面呈45度角→刷牙时两颗两颗来回刷约10次→刷内侧前牙时，可将牙刷刷头摆直一颗一颗刷	以巴氏刷牙法为主加上旋转刷牙步骤
优点	容易操作，孩子刷牙意愿高、按摩牙龈、清洁牙菌斑		可清洁牙齿与牙龈交界处及齿颈部的牙菌斑，按摩牙龈	
缺点	牙齿与牙龈交界处、牙齿邻接面及齿间缝隙清洁效果不佳		需要一定技巧，要手灵活度高，齿间缝隙无法完全清洁干净	

常见的刷牙问题

许多爸爸妈妈帮孩子刷牙时，常有许多问题，其实很多说法都是大家口耳相传形成的，建议有问题直接问牙医。若刷牙的方法不正确，即使刷再久也没有清洁的效果！下面帮大家整理一些爸妈们常有的困惑。

---

[1] 巴氏刷牙法，又称龈间清洁法或水平颤动法，是美国牙科协会推荐的有效去除龈缘附近及龈沟内牙菌斑的刷牙方法。

问题❶：刷牙越用力，刷得越干净？

错！刷牙太用力会伤害到牙龈，如果牙龈因发炎而萎缩，后果不可挽救！最好的力度是将刷毛压到手指头上，指甲变白。

问题❷：我担心宝宝吃牙膏不健康，可不可以不用牙膏，只干刷？

许多研究已经证实，含氟牙膏对预防蛀牙有用。氟的成分可以帮助牙齿再矿化，抑制牙菌斑形成以及抑制细菌分解糖类。幼儿牙膏的使用量低，吞食并没有太大的危害（前提是帮他挤牙膏只有豌豆大，不是牙膏吃到饱）。

问题❸：选择功能跟添加物越多的牙膏越好吗？

除了氟能预防蛀牙之外，其他的添加物的效果都没有得到实证。而且为了增加添加物的种类与含量，有的牙膏可能就不添加氟了，反而得不偿失。

问题❹：懒得刷牙，用漱口水就可以吗？

大人有漱口水，宝宝也有儿童漱口水。许多人觉得孩子很抵触刷牙，干脆用甜甜的漱口水取代刷牙。这是不正确的！牙菌斑无法用漱口水消除，只能靠刷牙，一定要让孩子养成刷牙的习惯。一般来说，除非孩子口腔发炎才建议以儿童漱口水辅助杀菌。长期使用儿童漱口水可能会对口腔黏膜造成伤害，还会刺激舌头味蕾。

医师·娘碎碎念

儿童牙膏为了配合孩子的喜好，通常会加上甜味剂跟各种香味来吸引孩子。因此我家的孩子每天晚上睡前刷牙的时候都会把牙膏吃掉才开始刷，这样一来，即使牙膏含氟量再高也效果不大。解决的办法就是先让孩子自己练习刷牙之后，家长再用儿童牙膏帮孩子刷一次牙，直到孩子可以不吃牙膏为止。

帮孩子刷牙的方法，可以在带孩子去牙科诊所涂氟的时候请牙医教导家长。健康习惯的养成最好都是在愉快的情境下，效果会事半功倍。所以我们家的孩子如果睡前乖乖刷牙、洗脸、自己换睡衣，就可以听他最喜欢的卡通歌曲或是睡前故事。

聪明选择牙医，窝沟封闭防蛀牙

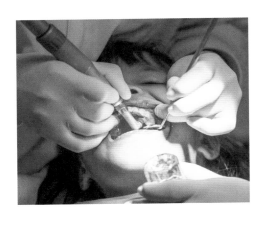

　　孩子大约6岁进入换牙期，第一颗恒磨牙是平常俗称"六龄齿"的第一大臼齿。龋齿是学龄儿童最常见，且非常严重的口腔疾病，不但会造成牙齿疼痛，也会因咀嚼不良导致营养摄取不均衡。根据世界卫生组织制订的2025年口腔保健目标："90%以上的5岁儿童完全没有龋齿，12岁以下儿童龋齿在1颗以下"，可看出预防儿童龋齿是全世界大人们努力的重点之一！

　　前面提到涂氟是防龋方式之一，但这个方式对咬合面的窝沟龋齿预防效果并不明显。根据相关研究，儿童龋齿90%发生于咬合面，其中恒牙第一磨牙与第二磨牙是最易发生龋齿的牙齿。美国、日本、加拿大、韩国、新加坡、英国及北欧各国的口腔保健政策皆极力提倡窝沟封闭，即封闭磨牙咬合面窝沟部分，以避免龋齿发生。

　　窝（Pit）和沟（Fissure）是指牙齿咬合面的凹陷点和深沟，因为牙刷刷毛通常直径都比窝沟粗，若有食物残渣累积于这些缝隙，容易产生龋齿。窝沟封闭就是使用窝沟封填剂（树脂）将窝与沟填满来预防龋齿的医疗行为。

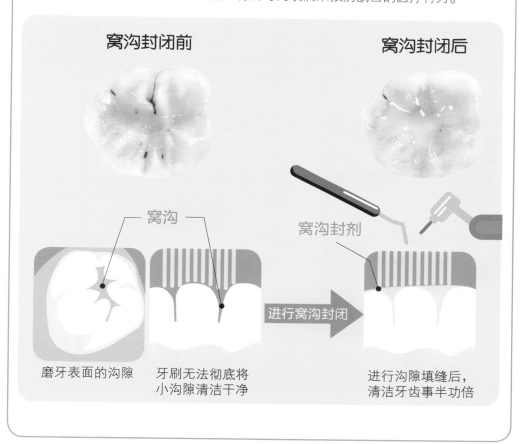

窝沟封闭前

窝沟封闭后

窝沟

窝沟封剂

进行窝沟封闭

磨牙表面的沟隙

牙刷无法彻底将
小沟隙清洁干净

进行沟隙填缝后，
清洁牙齿事半功倍

选择窝沟封闭的时机

　　窝沟封闭在磨牙还未产生龋齿的时候进行，填补的封填剂可能会因为咀嚼等动作而脱落。所以需要定期进行牙科检查，若有脱落的，就得再填补一次。因为许多国家并没有饮用水加氟的政策（加拿大、新加坡有，所以他们的儿童龋齿率比较低），给牙齿涂氟在经济与时间许可的条件下，建议持续做到成年（18岁），每年带孩子去牙科诊所涂氟，顺便检查窝沟封闭的部分有没有脱落。

❶ 教孩子自己刷牙时，可以开始让孩子使用水平横刷法或画圈刷牙法刷牙，但家长仍要监督并协助睡前刷牙。

❷ 坚持每半年涂氟一次；并注意6岁开始萌发出第一前磨牙，要带孩子去做窝沟封填。

选择牙科有学问

带幼儿看牙，一开始还是建议选择专业的儿童口腔诊所。一般大一点的医院口腔科都有儿童口腔专业。如果是诊所的话，通常会特别在招牌上注明有儿童牙科。孩子害怕看牙的一些医疗处置是很自然的，所以看口腔科要特别给孩子说清楚规则，要固定涂氟，例行检查等，可以的话给孩子一点奖励。让孩子产生"看牙完都有甜头可尝"的美好印象，孩子就不排斥去口腔科了！

医师·娘碎碎念

现在很多幼儿园都会定期请专业的牙医来园内给孩子涂氟，省掉很多父母的麻烦。所以在幼儿园的选择上，关于孩子的健康保健方面也可以多询问！不过亲自带着孩子去诊所，向孩子进行劝说和之后用奖励抚慰他们受伤心灵的过程，也是陪伴孩子成长的过程。

第七招：孩子自己正确洗手

　　洗手是控制感染最重要、最基本的方法之一。尤其是在肠病毒流行及流行性感冒疫情肆虐的期间，正确地洗手和戴口罩更是预防感染的不二法门。正确洗手包含两个面向：①正确洗手的时机。②正确洗手的方式。

　　根据世界卫生组织（WHO）的建议，日常生活的洗手五时机如下。

1	2	3	4	5
进食前	照顾幼儿前	看病前后	如厕后	擤鼻涕后

　　使用肥皂洗手是最标准的方式。不过如果洗手台或是肥皂不是随手可得的时候，使用合格的干洗手液来代替也是可行的。不论是用清水＋肥皂还是使用干洗手液洗手，重点是必须要确保清洁到手部每一个部位。

干洗手步骤

Step 1. 将干洗手液倒于掌心。

Step 2. 手掌对手掌互搓5次。

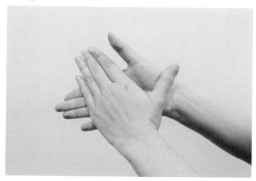

Step 3. 手掌搓揉另一只手的手背5次，换手重复这个动作。

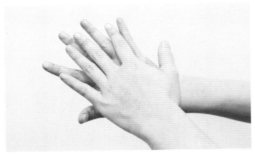

Step 4. 指缝间搓揉各5次。

Step 5. 双手互搓5次。

Step 6. 搓揉手腕各5次。

Step 7. 旋转洗净双手指尖。

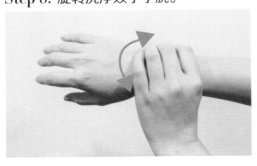

Step 8. 旋转洗净双手手腕。

Step 9. 等待手干。

湿洗手步骤: 湿、搓、冲、捧、擦

Step 1. 淋湿双手。

Step 2. 将双手充分抹上肥皂或取适量洗手液。

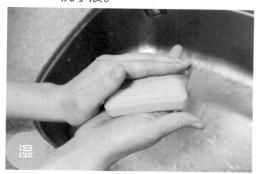

Step 3. 手掌对手掌互搓5次。

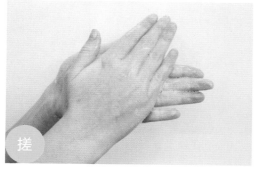

Step 4. 手掌搓揉另一只手手背5次，换手重复这个动作。

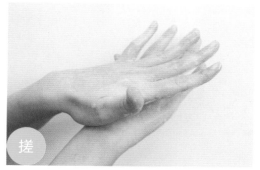

Step 5. 指缝间搓揉各5次。

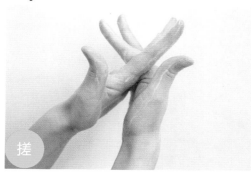

Step 6. 双手手背互搓5次。

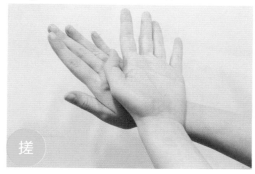

Step 7. 旋转洗净双手手腕各5次。

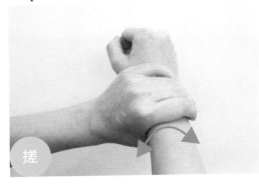

Step 8. 旋转洗净双手指尖。

Step 9. 虎口搓各5次。

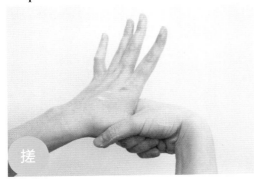

Step 10. 冲洗双手至少20秒。

Step 11. 捧水将水龙头清洗干净。

Step 12. 取纸巾擦干双手，再以纸巾垫
手关掉水龙头，以免再次污染。

洗手"搓"的部分，要确保搓到手部的每一个部位才行。有一个口诀帮助我们记忆手指清洁——"内外夹攻大力丸"。

Step 1. 手掌互搓
清洁重点：掌心。

内

Step 2. 手掌搓手背
清洁重点：掌背。

外

Step 3. 手指夹手指互搓
清洁重点：手指侧面。

夹

Step 4. 两手弓起成 ⑤ 状搓洗
清洁重点：指背、指腹。

攻（弓）

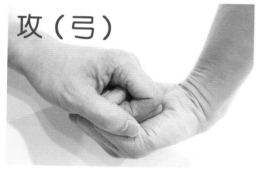

Step 5. 握住大拇指搓洗
清洁重点：大拇指。

大

Step 6. 手指甲搓手掌
清洁重点：指尖与指甲缝隙。

力（立）

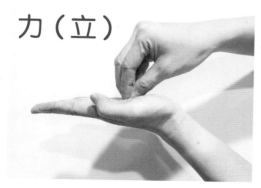

Step 7. 手掌搓手腕
清洁重点：手腕。

丸（腕）

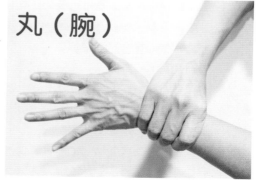

第八招：孩子自己学穿衣、穿鞋

其实孩子到了一定的年纪，都想要"自己来"。做家长的最重要的工作就是负责陪伴和引导。现在有很多学龄前玩具有让孩子练习拉拉链、扣纽扣和绑带子的功能，这些都能让孩子平时玩耍时就学会穿脱衣物、鞋袜的基本手指动作。所有的学习都是从生疏到熟练，因此一开始孩子穿衣、穿鞋的速度一定是非常慢的，而且同一个动作可能会失败，重复做好几次。但是，因为早上往往有赶着上班、上学的压力，让孩子在这个时候"练习"不现实，建议睡前更换睡衣时练习比较恰当。

另外，出游前的时间安排也要为了孩子多规划出门的准备时间。如果时间真的赶不及，要跟孩子解释：因为现在如果不马上穿好出门，我们会赶不上（飞机、火车等）了，所以这一次让爸爸妈妈帮你。

一开始先固定一个时间让孩子自己尝试，尽量安排在时间充裕的时间段（睡前会是较佳的选择），让孩子充分练习。不要一下子孩子可以尝试，一下子又不行，孩子会感到困惑，不知道想要"自己来"到底对还是不对。久而久之，孩子就会放弃尝试，让家长帮他穿衣、穿鞋，反而更不好。

引导孩子穿衣、穿鞋，最简单又便利的方式就是选择跟孩子一样款式的衣服或鞋子，穿给孩子看。让孩子观察大人是如何把手臂穿过袖子，头从领子里伸出来，双脚套入裤管的。尽量选择较为宽松、有弹性、扣子大的款式,这样孩子自己穿衣比较好上手。鞋子也是一样,直接套入或是搭扣的款式比较适合孩子练习自主穿鞋的第一双鞋子。

教孩子自己穿衣、穿鞋,没有特别的诀窍,就是先准备好自己的耐心而已。要能理解孩子的手指肌肉不如大人,精细动作的发展还需要充分地锻炼,反复失败再尝试,以及大人的鼓励与等待对孩子至关重要。愿意尝试"自己来"的孩子是很棒的,家长的责任就是在旁边当最棒的观众与教练。

Part 2
疾病篇

宝贝生病有苦说不出，
爸妈必知的观察应变法

宝贝"发热"时，
我该怎么做

当家中宝贝发热（俗称发烧）时，相信许多爸妈都忧心忡忡。一般而言，小宝宝出生以后，因为还带着妈妈给的抗体，6个月内感冒发热的概率不是很高。6个月以后，妈妈给的抗体渐渐消失，这时候宝宝就因容易感染各种病原体而不断生病。根据研究，从6个月到学龄前，幼儿会"平均"每2个月感冒发热一次。所以一年宝宝生病感冒发热6~7次都是合理的，不必担心宝宝是不是免疫力过低。

发热是一种身体的"症状"，不是"疾病"，发热的温度与严重程度相关度不高。通常老人会担忧地说："烧这么高，把脑子烧坏了怎么办？"把脑子"烧坏"的是引起发热的脑部感染，例如脑膜炎、脑炎等。虽然有文献指出，过高的体温（例如42℃以上），可能会导致身体的正常代谢遭殃，但是实际上很少有普通的感冒烧到如此高温，40℃几乎就是极限了。所以各位爸爸妈妈遇到宝贝发热，要知晓的重点是这下面两点。

❶ 确定小孩是否真的在发热。

❷ 确认小孩发热的病因。我常常说，发热并不可怕，可怕的是引起发热的原因。

➕ 第一招：学会观察孩子发热的方法

许多爸妈看到孩子发热，就焦急地把孩子带到急诊室。事实上，担心是难免的，但学会观察孩子发热的方法，便能从容应对孩子的不适状况。人是恒温动物，正常的体温是37℃。体表的温度随外界温度不同会有很大的差异，因此要尽可能量到最接近中心体温（内脏温度）。测量方式要方便可行，用得最多的就是测量耳温、腋温和肛温。

另外，因为宝宝脑部的体温控制中枢不像大人已发育成熟，所以宝宝的体温容易受到外界影响而偏高。例如包裹太多的新生儿、刚刚在艳阳下奔跑追逐玩耍的幼童等，都有可能体温过高。这时候最好让孩子在适宜温度下（通风的室内或阴凉处）休息5~10分钟，同时解除孩子身上过多的衣物，并给孩子补充一些水，再量体温。

　　身体不同部位所反映的体温也有所不同，下图为使用不同体温计测量幼儿体温的正常范围，供各位爸妈参考。若超过正常范围，就有可能是出现了异常。

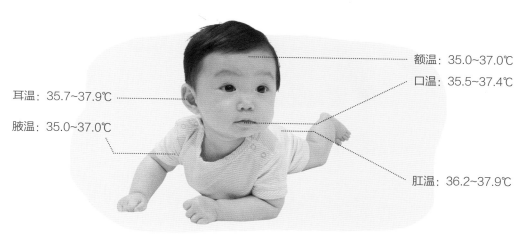

额温：35.0~37.0℃

口温：35.5~37.4℃

耳温：35.7~37.9℃

腋温：35.0~37.0℃

肛温：36.2~37.9℃

注：使用电子体温计，要定期送回制造厂进行校正。

正确使用耳温枪量体温步骤

1. 将耳温枪套上全新的耳套，注意耳套的卡榫要确实卡入测量头。

2. 打开开关，机器会先自动校正，待校正完毕后再进行测量体温。

3. 进行测量时，拉起幼儿耳朵，使耳道拉直再将耳温枪测量头置入。

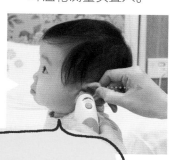

1岁以内：

要把耳朵往后拉，再将耳温枪测温头置入耳朵内。

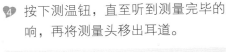

1岁以上（含大人）：
要把耳朵向上拉，并往后拉，再将耳温枪测量头置入耳内。

💜 按下测温钮，直至听到测量完毕的响，再将测量头移出耳道。

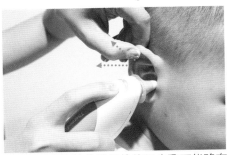

注：不同品牌的耳温枪使用步骤可能略有不同，以厂商所附《使用说明书》为准。

使用耳温枪的注意事项

💜 如果测得的体温不足35℃，可能是使用不当，或是耳道内耳垢太多而影响了测量结果。

💜 耳套建议使用后即丢弃，若是想重复使用，要用酒精消毒，并等酒精完全挥发后再进行测量，这样才不会产生误差。

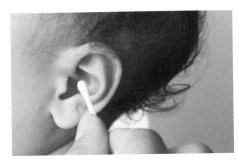

　　除了耳温枪之外，市面上还有额温枪等，但是以准确度而言，还是建议以耳温枪为居家测量体温的首选。而腋温或口温计，因为需要测量时间较久，婴幼儿较难配合，所以此类体温计建议较大的孩子或成人使用。

➕ 第二招：简单了解孩子发热的原因

　　发热不可怕，可怕的是发热的原因，引起发热的原因不外乎下列几项。
💜 感染，例如病毒感染（感冒）、细菌感染等。

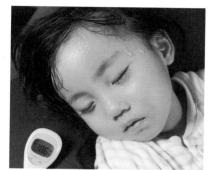

② 自体免疫性疾病，例如幼年特发性关节炎、系统性红斑狼疮等。

③ 恶性肿瘤，白血病、淋巴瘤等。

④ 其他原因：疫苗注射后反应、中暑、脱水、荨麻疹、甲状腺功能亢进、输血不良反应等。

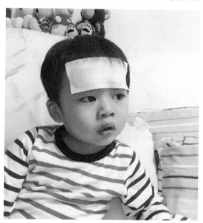

绝大部分因为发热来就诊的病童，几乎都是第一项——感染性原因。这当中又以病毒感染，也就是俗称的"感冒"为多。所以除了发热的症状以外，有没有其他合并症状，例如上吐下泻、呼吸困难、体重莫名减轻、抽搐痉挛、意识不清、皮肤起疹等，家长都要仔细观察并记录，以协助临床医师快速鉴别诊断，好对症下药。

发热是当身体受到外来病原体侵袭时，免疫系统重要的反应之一。体温升高有助于活化免疫系统，增加抵抗力。同时体温高的时候心跳也会加速，因此全身代谢也会加快，使得更多抵御病原体的免疫细胞（如巨噬细胞）到达战场。正因为身体新陈代谢变快，体力消耗变快，水分代谢也会增快，很容易导致脱水。

➕ 第三招：由孩子的状态判断发热的严重性

当家中宝宝发热时，最重要的就是要找到可能病因。一般来说，绝大部分发热都是由感染性疾病引起的，当中又以病毒感染引发的感冒为多数。发热体温的高低不代表疾病的严重程度，所以并不是烧得很高就一定要就医，低烧就可以不理会。常见病毒引起的感冒，发热通常不会超过3天，如果发热超过4天就建议就医。另外，有些小孩可能发生高热惊厥，虽然高热惊厥几乎都是良性的，通常不会发展为癫痫，而且长大（通常是3岁以后，也有一些孩子要到5岁后）就不发作了，可还是需要积极地退热处理以降低发作频率。

如上文所述，发热的原因很多，而很多疾病一开始可能只是表现为单纯的发热，因此除了发热之外，之后表现的其他症状也非常重要。孩子发热时，各位爸爸妈妈可以参考下方表格观察宝宝，来判断是否有就医的必要。

发热观察重点表

可再观察的情况

❶ 发热的频率有趋缓的倾向与体温有下降的倾向。
❷ 短时间内两次发热之间体温正常时，孩子精神活力及食欲与平常一致。
❸ 3天以内单纯发热无其他症状。

建议就医的情况

❶ 发热4天（含）以上。
❷ 有意识变化，有抽搐痉挛的状况。
❸ 呼吸困难、脸色发紫。
❹ 严重上吐下泻、食欲低下，有脱水的现象。

 ## 家长闻之色变的高热惊厥

高热惊厥是一种发生在发热状态（体温>38℃）下不自主抽搐现象（初次好发年龄为10个月～3岁）。高热惊厥的致病原因不明，但可能与遗传有关。若是爸爸妈妈本身小时候有高热惊厥的病史，小孩发热时产生高热惊厥的概率就高。15～20个小孩当中就会有一个孩子发生过高热惊厥。

虽然高热惊厥发作起来颇为吓人，但其实是良性的疾病，绝大部分高热惊厥孩子都不会发展为癫痫。高热惊厥发作的时间通常在5分钟以内，一般不会超过15分钟。通常上小学以后就不会再发作了。

✚ 第四招：帮孩子退热的居家护理妙方

因为发热以病毒感染引发的感冒居多，所以刚发热的时候不必立即去医院。有时候孩子只是小感冒，去医院，尤其是大型综合医院，与其他病童在一起候诊，反而易被传染更严重的疾病。

不去就医，如何舒缓孩子发热引起的不适，就是家长必学的技巧了。

使用退热药

讲到退热，大家第一反应就是使用退热药。家里可以常备一些幼儿的退热药，剂量根据体重定。市面上退热药的常见成分主要为对乙酰氨基酚（Acetaminophen）或是非甾体抗炎药（NSAIDs）两大类。非甾体抗炎药（NSAIDs）中最常见的是布洛芬（Ibuprofen）。

通常退热会建议优先选择物理性退热护理（下一段会提到），使用药物退热的时机通常为体温超过38.5℃或是睡前预防性地给一剂来应付半夜发热，降低因发热不适而中断睡眠的情况。只有吃好睡好，身体的抵抗力和自我修复能力才能发挥最大作用，病才能好得快点儿。

退热药比较表

对乙酰氨基酚（Acetaminophen）
★ 剂量：孩子年龄不同，服药量不同，请看说明书或遵医嘱服药。
★ 药效：4~6小时。
★ 服药次数：一天不超过5次，两次服药间隔至少4小时。

布洛芬（Ibuprofen）
★ 剂量：5~10毫克/千克体重，适用于6个月以上孩子。
★ 药效：6~8小时。
★ 报药次数：一天最多4次，两次服药间隔6小时以上。

选择物理退热

前面提到，除非体温很高（＞38.5℃），孩子发热通常先选择物理退热。顾名思义，就是用物理方式降温散热。像是温水浴，水温大约比平时洗澡的水温稍凉即可，不必凉到冷水。用湿毛巾擦身体并保持通风也是很好的降温方式，但是不建议使用酒精擦身降温，因为酒精可能导致婴幼儿酒精过敏，甚至酒精中毒。另外退热贴也是相当方便的产品，除了额头以外，腋下等有大血管经过的地方都是适合贴退热贴的部位。爸妈也可以用水袋装凉水让幼儿夹在腋下。如果要使用冰枕或是凉水袋，务必要用毛巾层层裹住，先用手试表面的温度，感觉微凉即可，不能让孩子的肌肤直接接触冰枕或凉水袋。如果家中有水床的话，也可以将水床的温度调低，再让病童躺在上面休息。

冰枕。

用毛巾层层裹住冰枕后让宝宝枕着。

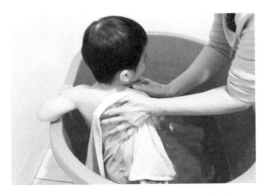

用湿毛巾帮宝宝擦身体。

帮宝宝洗温水浴。

宝贝鼻子不适时，我该怎么做

鼻子不适的症状有千百种，不同的症状有不同的原因，不同原因的处理方法也完全不一样。例如过敏性鼻炎和鼻窦炎的治疗就不同，流鼻血跟流鼻涕当然也不一样。各种疾病也无法单纯以鼻子的症状就简单给出诊断。所以这个章节主要以导致鼻子不适的常见原因为主，不外乎鼻窦炎、过敏性鼻炎和感冒。

✚ 第一招：学会观察孩子鼻子不适

过敏性鼻炎、鼻窦炎、感冒、流行性感冒的比较

症状	过敏性鼻炎	鼻窦炎	感冒	流行性感冒
症状延续时间	长期	短期、长期皆可能	短期（2~5天）	短期（1~2周）
发热	无	可能	少	高烧，可能持续三四天
头痛	偶尔	常见	少	频繁
全身肌肉酸痛	无	无	轻微	常见，且比较严重
疲倦无力	无	偶尔	轻微	频繁，可能持续1周以上
鼻塞、打喷嚏	经常	可能	经常	偶尔
鼻子分泌物	透明、水状	黄绿色、浓稠状	白色、黄色、绿色	少，若有以白色居多
嗓子痛	无	无	经常	经常
咳嗽	偶尔	偶尔	轻微或中度	经常，可能较严重
并发症	跟过敏性疾病有关，如哮喘	跟过敏性鼻炎有相关性	鼻窦炎、耳朵痛等	支气管炎、肺炎（可能需要住院）

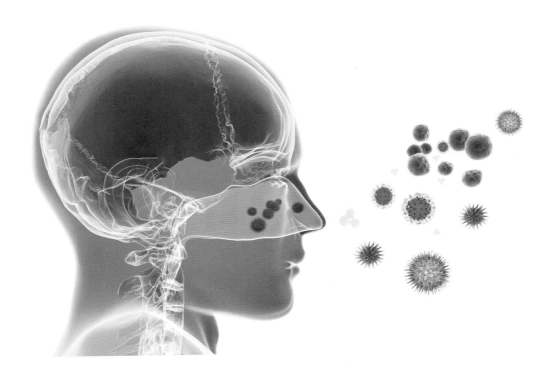

➕ 第二招：简单了解孩子鼻子不适的原因

大部分鼻子不舒服的症状不外乎就是流鼻涕、鼻塞以及流鼻血。造成这些症状的疾病最常见的就是过敏、感冒（病毒感染导致）和发炎。当然有一些比较罕见的状况，像不断流清澈的鼻涕可能是脑脊髓液外漏等导致的。造成鼻塞与流鼻涕的症状，除了过敏之外，温差与空气污染也是重要原因。

家里养了头"小猪"：为何宝宝呼吸时常有鼻涕音

在儿科门诊，常听家长问到"为什么我的宝宝呼吸的时候会有'呼噜呼噜'的声音，好像鼻涕或是痰很多？是不是感冒了？"其实刚出生的婴儿有在妈妈肚子里获得抗体的保护，通常不大感冒。但是为什么他们会发出小猪一般"呼噜呼噜"的声音呢？这是因为新生儿的鼻腔及呼吸道还很细小，而且软骨尚未发育完全，只要稍微分泌物多一点，就像笛子里面有水一样，呼吸时气体通过鼻腔就会发出"呼噜呼噜"的声音。

如果宝宝吃奶吃得顺、清醒时精神活力都与平时没有什么不同，就完全不必为此担心。这种状况随着孩子成长自然就消失了。

+ 第三招：由孩子状态判断鼻子不适的严重性

一般来说，鼻塞、流鼻涕，甚至流鼻血，这些症状并不能表明疾病的严重程度，要细看引起这些症状的"疾病诊断"是什么。以流鼻涕为例，过敏性鼻炎的鼻涕通常是清澈的，但是罕见的脑脊髓液外漏流出来的液体也是很像清澈的鼻涕。流鼻血有可能只是鼻黏膜受伤，也可能是肿瘤导致的出血。

这些情况没有经过专业耳鼻喉科医师的诊断，是无法确定是否严重的。一般来说，如果症状持续太久（5天以上），尝试多种居家护理方式都无法缓解，就应该就医。此外，诊断是否过敏通常要等孩子2岁以上，那时候免疫系统就比较稳定了。

鼻塞、流鼻涕，是过敏还是感冒

医学上其实并没有"感冒"这个词，通常感冒泛指病毒感染引发的上呼吸道感染。常见的症状不外乎咳嗽、鼻塞、流鼻涕。另外一种常常鼻塞、流鼻涕的原因就是过敏性鼻炎。如果是过敏性鼻炎，通常不会伴随病毒感染造成全身疲惫、肌肉酸痛，但是长期反复过敏，可能使鼻腔附近组织的循环变差，以致出现因静脉血流不畅导致的熊猫眼一般的黑眼圈。

当然，鼻塞、流鼻涕更有可能是，一个有过敏性鼻炎体质的孩子感冒了。不论是哪种情况，应付这一症状使用的药物是差不多的，都是使用抗组胺药来减少鼻涕的分泌以及减轻鼻黏膜肿胀。但要注意并不是所有原因导致的鼻塞、流鼻涕都要这样处理。

+ 第四招：缓解鼻塞、流鼻涕的方法

当家中宝贝鼻塞、流鼻涕时，可以用吸蒸汽、适当洗鼻等方式缓解鼻塞、流鼻涕。要注意的是，不宜在有感冒症状的时候洗鼻，因有可能将鼻腔内的浓稠分泌物冲到耳朵里，导致宝宝耳朵发炎。另外需要注意的是，太小的婴儿不适合洗鼻，一般建议5岁后再洗鼻。洗鼻需要使用专业洗鼻器和洗鼻盐，不可随便拿一般的自来水就洗鼻子。自来水中含有细菌，可能会导致鼻子发炎，使症状更严重。

　　吸蒸汽也是改善鼻子不适的常用居家护理方法之一。可以拿脸盆装热水，头盖着毛巾，整个脸"闷"在脸盆上方蒸，不过这个方法只适合大孩子，3岁以下还无法沟通的幼童不建议使用此法。

用脸盆装热水，让孩子吸蒸汽。

吸热毛巾也是常用的吸蒸汽法。

流黄鼻涕一定要吃抗生素吗

　　许多爸妈都问："我家孩子流黄鼻涕，一定要吃抗生素吗?"在这里必须要说明抗生素到底是什么。抗生素（antibiotics），指的是"专门针对细菌，抑制细菌生长或杀死细菌的药物"。有些人把抗生素称为消炎药。这是因为细菌感染引起的症状就是发炎，将病原菌消除以后，发炎状况当然就消失了。其实，医学上的消炎药指的另有其药，就是抑制发炎反应的消炎药物。两者作用机制以及适应证完全不同，不能搞混。

感冒流鼻涕是很常见的状况，前面提过感冒就是病毒感染引发的上呼吸道感染的俗称。病毒感染引起的感冒当然不需要吃消灭细菌的抗生素了。不过如果因为感冒并发的细菌感染（鼻窦炎、中耳炎等），就需要吃抗生素来帮忙了。一般来说，黄鼻涕不表示宝宝患了鼻窦炎。其实在感冒快要好转的时候也会短暂性的鼻分泌物变黄几天。如果病童活动力、精神状态都很好，可以让他多喝水，有鼻涕就擤出来，观察几天。如果黄鼻涕超过3天，就有可能是细菌感染。另外，若是鼻涕变黄绿、浓稠，且有异味，要怀疑是患了鼻窦炎，这个时候就需要就医检查了。

医师·娘碎碎念

为什么医师都呼吁大家不要滥用抗生素？主要是因为使用抗生素通常需要一个固定的疗程，根据不同的感染，疗程的时间也不同。如果使用不完全，没有将感染的细菌赶尽杀绝，通常留下来死守的细菌就更难处理了，它们会"升级"来对付抗生素。即这些残存的细菌发展出它们的生存之道——就是我们临床说的"抗药性"。

细菌若是有了抗药性，抗生素要杀死它们就更难了，甚至不换更强大的抗生素就不可能杀死它们！近年来已经出现了几乎所有抗生素都杀不死的超级细菌。如果将来世界上的细菌都进化成具有强大抗药性的菌株，人类就回到了没有抗生素时代——感染了细菌就只能靠自己的免疫系统听天由命了！

第五招：替孩子解决鼻子不适的居家护理妙方

不论是过敏还是感冒，当有鼻塞、流鼻涕的症状时，孩子就会很不舒服，甚至影响孩子的食欲和睡眠。除了使用药物以外，还有一些居家可行的方法来帮助孩子缓解不舒服。如果是过敏引起的症状，空气清净器是必备的。另外孩子会接触到的布制品，像枕头、床单、棉被和玩偶等，都要定期除尘，至少2周一次。

以前的古法是清洗以后曝晒，并拍打这些布制品。但是现在人们大多住高楼大厦，可能没有空间可以洗晒这么多的布制品。所幸现在有很多除尘螨的吸尘器可以帮助我们。

居家防螨抗过敏的重点

1. 使用空气净化器，并定期更换滤网。
2. 使用吸尘器，并定期清理滤网及刷头。
3. 窗帘容易堆积灰尘和尘螨，建议定期拆洗，或是用百叶窗代替布窗帘。
4. 孩子最常接触到的毛绒玩偶一定要时常清洁，并晾晒。
5. 地毯是尘螨滋生的温床，家中若要铺地毯，建议选择短毛地毯，方便清理。

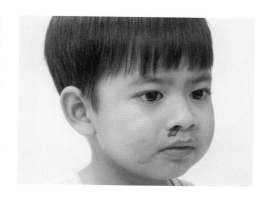

流鼻血是过敏体质的孩子常出现的症状，因为鼻过敏表现的症状就是常常觉得鼻子痒、流鼻涕，且鼻涕很多。孩子因此常常乱揉鼻子或是用力擤鼻涕。这些动作都会伤到鼻子脆弱的黏膜导致鼻出血。

因为鼻中隔处的黏膜分布着密集的毛细血管，因此稍微有点破皮就会出血。遇到孩子流鼻血，要保持冷静，让孩子将头微微前低，捏住鼻翼10～20分钟。通常这样就可以止血。流鼻血的时候千万不要因为父母慌张导致孩子紧张，情绪激动的时候更难止血。

爸妈也不要把卫生纸卷成条状塞入孩子鼻腔，因为将卫生纸条拉出时又将出血处凝固的血块拉走，导致二度伤害黏膜，反而流更多血。也不建议让孩子的头往后仰，因为这样鼻血反而可能往后流到喉咙引起呛咳。顺利止血以后，要注意避免激烈活动或是用力擤鼻涕，以免让好不容易凝固的血块又掉出来。如果反复发生流鼻血的问题，就要寻求耳鼻喉科医师的帮助了。另外如果需要很久才能止血，甚至难以止血，就有必要去看儿科或血液科，请专业医师帮孩子评估一下凝血功能。

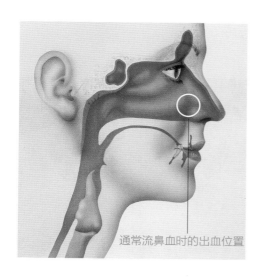

通常流鼻血时的出血位置

❶ 头部微微下倾。

❷ 手指轻轻压住鼻翼10~20分钟。

通过小游戏教孩子正确擤鼻涕

正确擤鼻涕会减少中耳炎、鼻窦炎和听力障碍等因擤鼻涕不当导致的后遗症。但是怎样教孩子正确擤鼻涕呢？首先，你要有一个孩子（被打），咳咳……我是说，你要有一个2岁以上的孩子。

幼儿能做出擤的动作大约是2岁以后。在那之前，若孩子有大量鼻涕，还是建议用棉棒以转动的方式轻柔地清洁鼻腔，将浓稠的鼻涕像卷棉花糖那样卷出来。孩子会不会正确擤鼻涕，家长的示范非常重要。

正确擤鼻涕的要点如下。

- 1 一次擤一边，擤的时候要压住对侧的鼻翼。
- 2 嘴巴吸气、鼻孔出气。
- 3 分阶段轻轻地擤。
- 4 即使擤到最后也不要大力。
- 5 使用质地柔软细致的卫生纸巾清洁。

下面提供大家两个小游戏，在孩子学会如何正确擤鼻涕之前，爸爸妈妈可以用这两种方式引导他们。

游戏1：未若柳絮因风起

这个游戏可训练孩子"擤"出鼻涕的动作，减少他们因为倒吸鼻涕而引发鼻窦炎的概率。下面分为两个阶段，让孩子循序渐进从游戏中学习擤鼻涕。

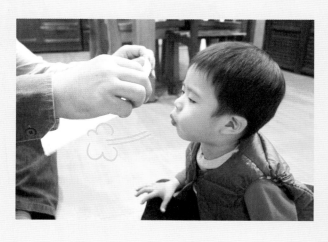

阶段❶： 爸妈用两手捏着卫生纸放在孩子的脸前面，先让他用嘴巴吹气，让卫生纸扬起。

阶段❷：待孩子产生兴趣之后，改成用鼻子呼气让纸吹起来：抿住嘴巴，用鼻子将气喷出来。

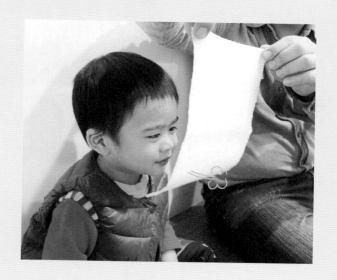

游戏2：鼻子机关枪

孩子懂得擤的动作之后，下一步就是让他学会单侧擤。可以撕一小块卫生纸揉成团塞进单侧鼻孔（不要塞太深），开始用鼻喷气"发射"卫生纸"弹球"攻击目标——垃圾桶。为了让"弹珠"发射更有力，孩子自然而然按住对侧的鼻翼来增强单侧鼻孔的出气量。

学会这两个小游戏之后，孩子就能顺利地学到正确擤鼻涕的方法了，接下来就是父母从日常生活中帮孩子养成良好的习惯了。

❶ 压住一边的鼻孔，大力吸气

❷ 用还开着的那一边鼻孔用力呼气射出卫生纸团

宝贝喉咙不适时，我该怎么做

孩子打喷嚏、流鼻涕、咳嗽有痰，通常会被认为是"感冒"了。

绝大部分感冒都是由病毒引起的。婴幼儿6个月前因为体内还有从母体获得的抗体，感冒的概率不高，所以通常6个月后孩子才会有病毒感染引发感冒的情况。平均而言，幼儿期大约每年发生4次，入幼儿园（3~4岁）时会增加到每年6~7次。之后随着年龄增长，免疫系统逐渐成熟，抵抗力也不断增强，感冒的频率慢慢下降。大约到上小学（6岁）以后，感冒的频率就与成人差不多了，平均是每年1~2次。

频繁地感冒（一年超过7次），与其担心孩子是不是免疫系统有问题，不如先评估孩子成长的环境：是否存在不良的营养状况（营养不均衡）、不适当的环境（习惯穿着过厚衣物、卫生状况不佳、托育环境感染控制措施不足）。一般感冒的症状大概持续一周，发热几乎不会超过4天。要注意的是，单纯的打喷嚏、流鼻涕、咳嗽有痰，不一定是感冒，温差、空气污染等造成呼吸道过度敏感，甚至哮喘发作的情况也很常见。通常情况下，病毒感染一周以内可自愈，但是上呼吸道发炎，如果处理不当，可能会持续超过1周，甚至数以月计。

除了感冒以外，一些特殊的感染（流行性感冒病毒感染、A族溶血性链球菌、嗜血性流行性感冒杆菌），以及哮喘、过敏性鼻炎的鼻涕倒流、鼻窦炎、支气管炎和肺炎也都会有咳嗽、哮喘、喉咙痛的症状。处理的重点是区分出需要紧急就医的情况，其余状况以症状缓解为主。

✚ 第一招：认识孩子喉咙常见问题——咳嗽、喘鸣

为什么孩子喉咙不舒服时会咳嗽？其实咳嗽是人体想要将气管内分泌物或异物排除时正常的生理反应。喘鸣是指空气通过狭窄的气管时，摩擦气管管壁引起的声音。小朋友的气管较成人细，气管壁也比较脆弱，排痰的功能比较差，所以容易有咳嗽和喘鸣的状况。

不同年龄引起咳嗽、喘鸣的呼吸道疾病

1个月	3个月	6个月	2岁	5岁	6岁	12岁
上呼吸道感染（感冒）、急性支气管炎、肺炎：1个月~12岁						
急性细支气管炎：1~6个月						
	百日咳、哮喘：3个月~6岁					
		气管内异物：6个月~5岁				
			哮喘：2~12岁			

当听到孩子有特殊的咳痰音时，例如犬吠咳音（barking cough），就要想到哮吼。另外喘鸣声又分为低音频、高音频、吸气时喘鸣或吐气时喘鸣。上呼吸道阻塞，例如异物阻塞气管或哮吼、会厌炎，通常是在吸气时有低音频的喘鸣声；支气管炎、气喘等下呼吸道的疾病，会是吐气时有高音频的喘鸣声，有点类似笛子的声音。因此不同的喘鸣声和咳嗽形态，有助于我们鉴别诊断病因。

当宝宝咳得很厉害或是喘鸣严重到呼吸不顺畅的时候，爸妈可以布置一个安静、温暖的环境让孩子好好休息。加湿器以及空气净化器的使用可以帮助我们创造干净、湿度适中的环境。因为孩子容易使用嘴巴呼吸，导致口腔很干燥，所以少量多次为孩子补水

有助于缓解其不舒服。另外，拍痰的姿势如下图所示，应该让孩子头低身体高，手掌合起来呈碗状，由下往上轻拍3～5分钟。

止咳药物或是气管扩张剂的使用，要在医师的指导下根据孩子体重给予。市面上有很多可以让家长轻松进行居家雾化的机器，有时候用生理盐水喷雾蒸汽让孩子进行雾化治疗就可以达到化痰的效果。如果要使用化痰剂或是支气管扩张剂吸入治疗，一定要在医师的指导下进行。

手掌合起来呈碗状。

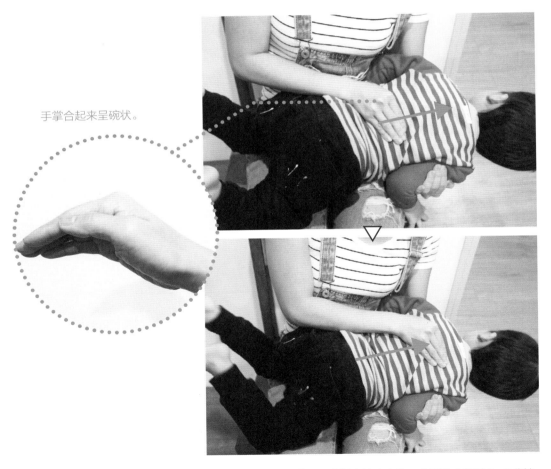

孩子呈头低身体高之势，由下往上轻拍3～5分钟。

➕ 第二招：认识孩子喉咙常见问题——喉咙痛

　　家中宝贝喉咙痛，爸妈应该带他去儿科就诊。"喉咙"一般指的是包含了咽部喉部的鼻腔连接口腔以及气管、食道的部位。如下图，"咽"是鼻腔后部和口腔后部的通道，分为鼻咽部和口咽部；"喉"是咽部再往下接近声带的部分。一般我们临床用压舌板看喉咙所看到的为口咽部，喉部通常需要耳鼻喉科的喉镜才能一窥全貌。

　　喉咙痛是俗称，通常指的是上呼吸道感染的时候，咽喉部发炎出现红肿热痛。急性喉咙痛绝大部分是由病毒引起的，也有细菌引起的咽喉炎。最普遍的感冒，即为"因病毒引起的上呼吸道感染"，常见的症状不外乎喉咙痛、咳嗽、流鼻涕、打喷嚏，有时候伴随发热。

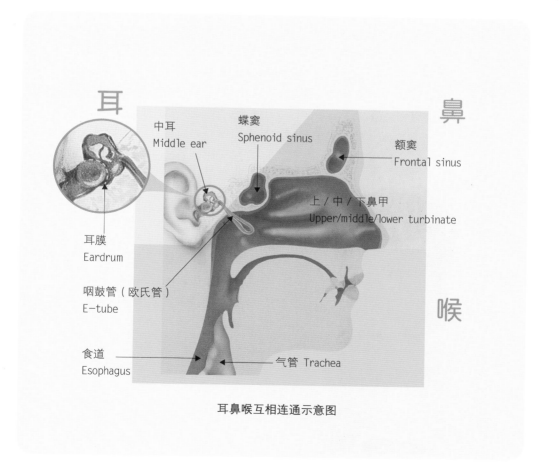

耳鼻喉互相连通示意图

　　常见的感冒病毒，如冠状病毒，症状较为轻微，且发热时体温不高，症状一般在感染后三五天痊愈。较为严重的流行性感冒病毒、腺病毒或肠病毒，多表现为高热，病程也比较长，7~10天。不论哪种病毒引起的上呼吸道感染，大部分都能自愈。

　　有一些细菌感染也会出现喉咙痛，最需要注意的是"A族溶血性链球菌"和"白喉杆菌"。目前白喉杆菌因为婴幼儿接种疫苗，已经相当少见。A族溶血性链球菌感染引发的急性咽喉炎，好发在4~8岁。患儿的喉咙呈现鲜红色，并且有出血点，还会有白色炼乳般的化脓。治疗需要用抗生素，且必须用完整个疗程，否则容易引发风湿性心脏病、肾小球肾炎和风湿性关节炎。另外乙型流行性感冒嗜血杆菌（Haemophilus influenxau type B；Hib）的感染有时候会引起急性会厌炎，这是一种快速进展致呼吸困难的致命性疾病，所幸目前有相关疫苗。

　　幼儿因为无法像成人一样清楚表达喉咙疼痛，通常喉咙痛表现为以哭闹不安、食欲不振，甚至拒绝进食为主，所以需要第一线照顾者详细地观察才能知道宝宝的状况。像是肠病毒造成的咽喉处水疱和溃疡，会让宝宝感觉非常不舒服，吞咽时因为感到疼痛而拒绝进食，甚至因无法吞咽口水而宁可让口水一直流。A族溶血性链球菌也会导致喉咙疼痛。不论是哪种原因导致的喉咙疼痛，及时就医，请医师找出病因并对症下药是根本的解决方法。

　　至于缓解孩童喉咙不适，除了止痛药物（药水）之外，可以给孩子冰凉、软质的食物，例如果冻（特别注意3岁以下的孩子要先把果冻剁碎再给）、布丁等，或是冷饮（碳酸饮料除

外）。这些饮食一方面可以因为冰凉降低疼痛感，另一方面可补充水分和热量。生病的时候，身体对抗细菌、病毒和修复受伤组织都需要热量，因此这些高热量的冰凉饮食其实可以适度地为身体提供热量。当然平时尽量不要让孩子过度摄取这些高糖分、高热量的饮食。另外可以在孩子进食前20分钟左右用一些专门的喉咙止痛喷剂喷口咽部来缓解疼痛，不过喷剂的使用需要孩子配合，所以建议较大孩子（4岁以上）使用较佳。如果孩子张

嘴时，舌头顶着上颚，大人无法看到口咽部，可以用大汤匙当压舌板轻轻地将舌头往下压，使其露出后方的口咽部。

勤洗手，不要用手揉眼睛和吃手指，有助于预防上述情况。肠病毒流行季节时，卫生单位大力提倡勤洗手的防疫措施，道理就是在这里。清洁环境建议使用消毒产品，如使用稀释的漂白剂水勤擦拭宝宝常接触的地方。

消毒用品比一比

功效：❶ 酒精的杀菌原理是使微生物脱水及凝固，使微生物蛋白变性达到消毒效果。但对于病毒效果不大，因为肠病毒本身对酸性物质及许多化学药物具有抵抗性，所以肠病毒流行期间，并不建议使用酒精作为消毒工具。

❷ 优点是杀菌速度快。

浓度：具消毒能力的浓度为75%，浓度过高或是过低杀菌消毒效果都不如75%的好。

功效： ❶ 市售的漂白水大部分含次氯酸钠，它会与核蛋白质产生氧化作用，使其失去活性。

❷ 漂白水对细菌、病毒皆有效。所以医院进行大范围消毒时，都使用稀释的漂白水作为消毒用品。

❸ 爸妈在家中可以用市售的漂白水自行稀释制作消毒水，尤其是肠病毒、流行性感冒病毒流行期间，对居家环境进行消毒，稀释的漂白水相当方便。

一定要注意孩子嘴巴会接触的地方（例如餐桌桌面等）用稀释的漂白水消毒后最好再用干净的纯水湿纸巾擦拭，以免孩子食入微量的漂白水。若不小心误食微量消毒用品，请大量补充水分并观察反应，有异常要及时就诊。

浓度： ❶ 建议以市售的漂白水与水进行1：100稀释。一瓶盖（约25毫升）配上5瓶500毫升水（普通矿泉水瓶大小）来制作。

❷ 稀释溶液时不能用热水，因为热水会分解次氯酸钠，使消毒效果大打折扣。

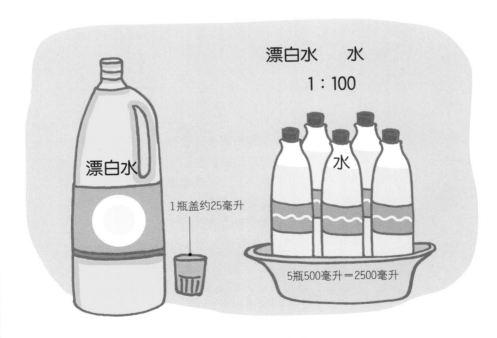

消毒水的稀释方法

第三招：认识孩子喉咙常见问题——哮吼、急性会厌炎

　　听到宝贝咳嗽的声音像犬吠般又粗又大声，爸妈不免会被吓坏了。"哮吼"是一种小儿常见疾病，指的是因为病毒感染造成的急性喉头异常，好发于6个月~3岁的孩子。典型的症状为"如犬吠一般的咳嗽，同时呼吸急促且吸气时有喘鸣声"，通常来得又快又急，而且症状常在半夜变得更加严重，很容易吓坏家长。

　　孩子会发出好像吸不到空气的吸气时喘鸣声，是因为感染后，声门下方或是声带处的软组织出现了水肿，造成呼吸道狭窄。这种情况，治疗主要以给予氧气、吸入肾上腺素和给予类固醇药物等缓解症状的保守疗法为主。一般病程3~7天，大部分哮吼不会真的发生气管阻塞，只有少数严重的案例会出现呼吸窘迫，需要进一步插管，送入重症监护室观察。

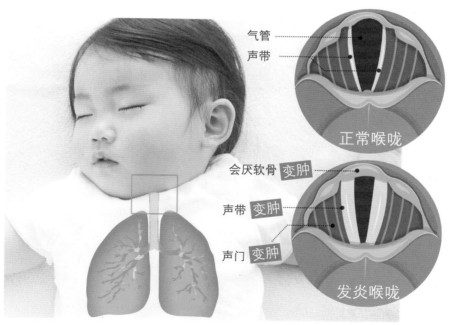

气管
声带
正常喉咙

会厌软骨 变肿
声带 变肿
声门 变肿
发炎喉咙

　　与哮吼类似的，是感染性的急性会厌炎，会厌软骨因发炎肿胀造成上呼吸道阻塞而危及生命，因此这是耳鼻喉科的急症。症状同样是病情又快又急，吸气有喘鸣声，且呼吸急促。与哮吼不同的是，好发的年龄较大，病原通常是细菌引起的感染，多表现为流口水、无法躺平，通常也没有哮吼典型的犬吠咳嗽声。诊断上，急性会厌炎需要配合X射线检查或是内窥镜检查。当呼吸道阻塞时，以紧急插管或气管切开术来维持气道畅通。即使没有呼吸道阻塞的情况，也必须留院观察。

	急性会厌炎	哮吼
好发年龄	>3岁	<3岁
病程	短	长
致病原	细菌	病毒
治疗方针	使用抗生素，排除呼吸道阻塞	保守治疗

第四招：认识孩子常见喉咙问题——疱疹性咽峡炎、手足口病

　　肠病毒是一大群病毒的总称。由于肠病毒的分类相当复杂，在此就不赘述了。大部分肠病毒感染都仅有轻微的感冒症状或是无症状，这当中也有一些特殊的临床表现，例如疱疹性咽峡炎和手足口病。家长闻之色变的肠病毒71型（EV71）就是引起手足口病的元凶之一。很多家长看到宝宝发热喉咙痛，手脚有水疱就紧张得要命。其实并不是每一位感染肠病毒（即使是71型）都会并发重症，重点是密切观察宝宝的意识状态和有没有肌阵挛、心跳过速等症状。

	疱疹性咽峡炎	手足口病
症状	突发性发热、呕吐以及咽峡部（口腔后方）出现小水疱或溃疡，喉咙疼痛，食欲不振，严重者会因为一咽口水就疼而不想吞咽口水，所以一直流口水	发热、口腔黏膜、舌头、软腭、牙龈和嘴唇出现水疱并疼痛。四肢、手掌、手指、脚掌、脚趾也有水疱
病程	4~6天	7~10天
致病原	柯萨奇病毒A16型、疱疹病毒、EB病毒	柯萨奇病毒A16型及肠病毒71型
治疗与护理	因为口腔溃疡所以孩子食欲不佳，可以给孩子一些凉的流质饮食，水分的补充相当重要。如果疼痛感严重到无法饮水，为了避免脱水现象，应输液补充水分。此病虽然较手足口病少见，但是有时候疱疹性咽峡炎会引发脑炎，应引起重视	同左，另外需密切观察是否有并发脑炎重症的迹象（肌阵挛、意识变化、昏迷）。重症患者，应给予免疫球蛋白治疗，并送入重症监护室

第五招：认识孩子常见喉咙问题——气管炎、支气管炎、细支气管炎、肺炎

气管炎、支气管炎、细支气管炎、肺炎为下呼吸道受到感染而发炎的病症，根据发病部位不同有不同的名称。因为呼吸道是连贯的（气管—支气管—肺），有时候感染发炎的部位会跨区，例如支气管炎并发肺炎等。儿童的下呼吸道感染中病毒感染较多，不过相较于上呼吸道感染，下呼吸道病毒感染合并细菌性感染比例较高。常见的情况是先出现病毒感染的症状，如呼吸道黏膜肿胀、分泌物多造成细菌滋生，进而出现细菌感染的症状。

另外2岁以下的婴幼儿，因为气管还相当细小，随便一个简单的"感冒"就足以让呼吸道内的细小气管发炎，造成细小气管黏膜肿胀、狭窄，影响呼吸。特征是类似哮喘发作的呼气喘鸣，其余症状与一般呼吸道感染无异。

细支气管炎没有特效药，治疗主要以症状缓解为主。导致细支气管炎的病原多为导致感冒的常见病毒。大部分孩子发生细支气管炎都可以自愈，除非是早产儿（出生时＜28孕周）或是有先天性心脏病、慢性肺病、免疫系统疾病的孩子，才会考虑给予抗病毒药物，以避免病情恶化。

一般有合并细菌感染的支气管炎或肺炎，就需要给予抗生素治疗。抗生素治疗需要完整地进行完整个疗程，切莫因为症状好转而中断抗生素治疗，否则很容易导致细菌抗药性增强，导致将来面临无药可用的窘境。至于使用何种抗生素，该使用多久，需要由医师经临床诊断后做出判断。

第六招：认识常见孩子喉咙问题——哮喘

哮喘是一种慢性呼吸道发炎反应，主要原因为呼吸道对于环境当中各种不同的刺激产生过敏反应，造成呼吸道黏膜肿胀、分泌物增多以及呼吸道平滑肌收缩引起呼吸困难症状。刺激哮喘发作的是过敏原或病毒感染，因此保证良好的空气质量和避免病毒感染是照顾哮喘孩子的必备技能。

近年来，由于哮喘的发病率有逐年上升的趋势，因此如何预防哮喘的发生俨然成为研究的热门。"过敏体质"是医师常常使用的说法，因为它简单易懂。但其实过敏本身是一门大学问，在这里碍于篇幅就不长篇大论了。

为5岁以下的孩子诊断哮喘并不容易。因为这个年龄层的孩子气管较细，一般的呼吸道感染（感冒）、吸入刺激性气体（比如二手烟）或是哭闹较凶的时候，就会出现喘

鸣。因此5岁以下的小朋友要得到哮喘的明确诊断，主要是靠临床症状和询问病史，以及病理学检查。

家长在家中可以观察宝宝，如果有下列现象，就要高度怀疑是否有哮喘。

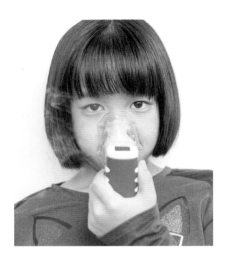

❶ 白天咳嗽症状加重。

❷ 白天就听得到喘鸣。

❸ 呼吸急促，甚至难到喘不过气来（影响孩子正常活动）。

❹ 夜间咳嗽，有喘鸣，甚至因此醒来。

了解这些病史，有助诊断哮喘。

❶ 是否有反复发生的呼吸道疾病？

❷ 爸爸或妈妈是否有哮喘家族史？

❸ 宝宝是否有异位性皮肤炎、食物过敏或过敏性鼻炎等病史？

如何评估3岁以下有喘鸣的孩子

可根据哮喘预测指数（Asthma Prediction Index, API）进行评估。

💔 在3岁前，出现过一年内有4次（含）以上的喘鸣。

💔 同时合并有下列一个主要危险因子或两个次要危险因子。

A. 主要危险因子

a. 父母亲有哮喘。b. 医师确诊了异位性皮肤炎。c. 对至少一种吸入性过敏原过敏。

B. 次要危险因子

a. 没有感冒时也有喘鸣。b. 血液中嗜酸性粒细胞超过4%。c. 血中可测得对食物过敏。

💔 如果3岁前此预测指数（API）为阴性，95%以上的儿童在6~13岁时不会出现哮喘。

如果怀疑孩子患哮喘，就诊时医师可能会借助治疗试验、过敏原测试和胸部X射线来辅助诊断，请参考下页表。5岁以下的孩童要诊断哮喘，最重要的是病理学检查及家长提供的观察记录、病史。

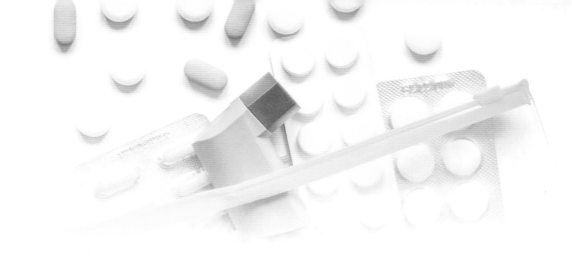

检查检验项目	内容
治疗试验	简单地说就是以药物治疗的反应作为诊断依据 针对疑似哮喘的症状（咳嗽、有喘鸣、呼吸困难），使用短效支气管扩张剂与吸入型类固醇至少8~12周缓解症状 因为低龄儿童哮喘表现多变，如果在治疗中发现症状明显改善，停药后症状又复发，多次反复验证才能确诊孩子有哮喘 治疗试验评估的重点为以下两点 ❶ 影响日夜间症状的严重程度 ❷ 急性发作时需要增加吸入型或全身型类固醇剂量的摄入频率
过敏原测试	目前有两种方法来测试过敏原 ❶ 点刺检查，一种立即性的皮肤过敏测试 ❷ 抽血检查测定血液中对抗特异过敏原的免疫球蛋白E抗体（IgE） 过敏原测试协助家长帮孩子避开可能的致敏原，但不能作为哮喘诊断的依据
胸部X射线	胸部X射线在哮喘诊断上是为了排除其他病患的可能，例如慢性感染（反复性呼吸道感染、慢性鼻窦炎、结核病）；结构上的异常（吸入异物、胃食道逆流）；先天异常（气管软化症、囊状纤维化、肺支气管发育不良、原发性纤毛运动不良综合征、先天性心脏病）

5岁以下的儿童，由于无法配合吹气检查，因此肺功能的测试、支气管激发测试，都无法在诊断上扮演重要的角色

哮喘的药物治疗与临床处置

宝宝被诊断为哮喘，最重要的治疗目标是尽可能降低哮喘发病频率和控制临床症状，以提升宝宝的生活品质。哮喘发作除了限制孩子的日常生活，例如不能尽情地跑步、吃冰激凌、游泳以外，急性发作时还需要反复去医院，给家长和孩子带来极大负担。而哮喘的治疗和控制，需要家长和医师进行配合，吸入型药物是5岁以下的孩子治疗哮喘的基石。

家长要充分了解哮喘的发作症状，哮喘何时恶化，何时应该药物干预和何时该就医以及使用吸入药物的技巧，以达到规范用药的目的。规范用药对于哮喘控制是最重要的，如同本段落最前面所述，哮喘是一种慢性发炎反应，因此反复发作会导致孩子气管受损。由于对5岁以下孩子进行肺功能测量有困难，所以哮喘的监控以呼吸道过敏所表现出来的临床症状为主。

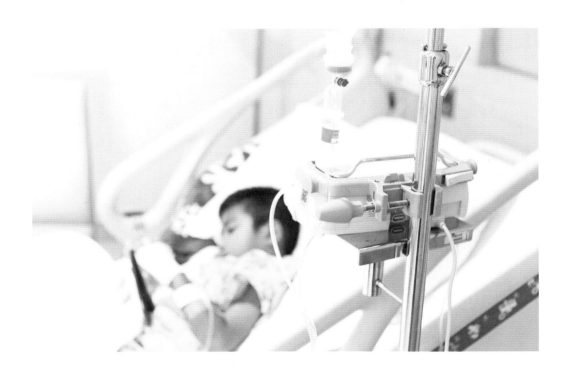

宝贝皮肤不适时，我该怎么做

由于宝宝的皮肤很脆弱，不论先天的遗传还是后天的环境，都会影响宝宝的皮肤，出现脱皮、发痒、红肿等情况。气候变化、穿着不当、不正确的照顾，都会导致宝宝肌肤问题更加严重。

如何做才能帮助宝宝解决恼人的皮肤不适？除了日常清洁保养外，还要配合医师的诊断与治疗，以减缓不适症状。在本章节中，为了慎重起见，我特别请教专业的皮肤科医师（也是医师娘）黄毓雅，向大家介绍常见的宝宝皮肤问题。

✚ 第一招：简单了解孩子皮肤不适的原因

婴幼儿的皮肤表皮层比成人薄30％，因此对抗外在刺激的能力比较弱。宝宝的皮肤还容易受到有害物质及病毒、细菌的侵害而出现小红疹，这些疹子分别代表不同的皮肤疾病。

孩子皮肤发痒的原因很多，有可能是因为气候变化、环境等因素，也有可能和饮食或过敏有关。

婴儿湿疹

湿疹是皮炎的同义词。湿疹产生的原因有可能是外来的因素（例如接触性皮炎），也可能是内在因素（例如异位性皮炎和脂溢性皮炎）。造成婴幼儿湿疹的常见原因有异位性皮炎、脂溢性皮炎和接触性皮炎，分述如下。

异位性皮炎通常以反复发作且极痒的丘疹为表现。婴儿期以出现在脸颊为主，年龄较大的幼儿好发在四肢的屈侧（手肘内侧、膝盖窝等处），且皮疹有"苔藓化"的表现。苔藓化是指因为持续搔抓摩擦皮肤，使皮肤增厚、表面的纹路加深的现象。

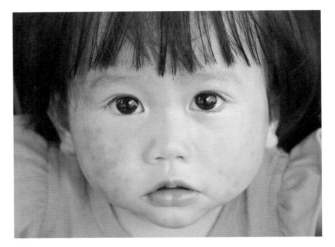

6个月以内的婴儿湿疹不一定会确诊为异位性皮炎，需要跟踪3～6个月来排除接触性皮炎、脂溢性皮炎的可能。因为极痒，所以宝宝因为难以忍受而反复搔抓。任由宝宝反复抓，容易抓破皮肤造成伤口细菌感染，甚至蜂窝性组织炎。

单纯叫宝宝不要抓是不可能的，因为难以忍受，而且也影响宝宝睡眠品质，所以需要积极且有耐心地进行治疗。通常治疗的方式为涂保湿乳液或保湿乳霜，局部使用激素药膏、免疫抑制剂和抗组胺药。

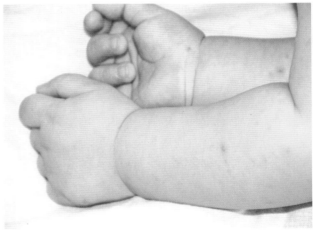

照顾异位性皮炎的孩子就是要及时擦保湿乳液。夏天可以擦清爽一点的产品，冬天则建议用稍微滋润一些的产品。

至于到底什么是最好的保湿产品，大原则是不要有太多的香料跟色素。此外，很多爸妈听到要擦激素就会非常担心，其实只要在医师的指导下使用，激素并没有想象中的那么可怕。

严重的异位性皮炎最好寻求专业皮肤科医师的诊断与治疗。同时平时注意保养相当重要，适当地使用保湿产品可以舒缓症状，保护皮肤。婴幼儿时期需要由爸妈耐心帮忙涂抹。白天在幼儿园的孩子，可以训练他自行涂抹保湿产品来养成保养皮肤的习惯。

脂溢性皮炎

脂溢性皮炎与异位性皮炎最大的不同之处是，脂溢性皮肤炎通常不需要治疗。大部分脂溢性皮炎是宝宝出生后2个月内出现红疹与油性皮屑，主要分布于头皮、颈部、耳后、腋下、会阴部，通常在周岁前消失。症状上痒的感觉较异位性皮炎轻，一般也不会反复发作。比较严重的孩子，可使用抗脂溢性洗发水，局部使用激素和保湿乳液或保湿霜。如果头皮处的皮屑非常厚，而且硬，可在洗澡前擦婴儿油之类的产品将其软化，再于沐浴时用洗澡巾轻轻擦拭。不能将皮屑通通"抠"下来，因为这样会导致皮肤受伤。

区分异位性皮炎和脂溢性皮炎

异位性皮炎 ➡ 婴儿期以出现在脸颊为主，年龄较大的幼儿好发在四肢的屈侧（手肘内侧、膝盖窝等处）。

脂溢性皮炎

通常疹子分布在头皮、颈部、耳后、腋下、会阴部。

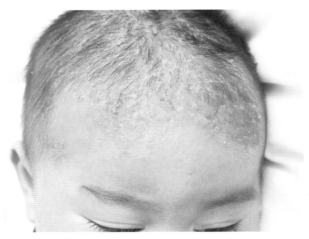

大人其实也会有脂溢性皮炎，而且往往会时好时坏地拖好几年。大人和小孩的脂溢性皮炎有什么不同呢？皮肤科黄毓雅医师表示，小朋友的脂溢性皮炎和大人不同，会在年纪稍长以后自行改善。幼儿的脂溢性皮炎有时候跟异位性皮炎看起来很类似，有的小朋友初期被诊断为脂溢性皮炎，后来才慢慢出现异位性皮炎的典型症状，这都是很常见的。

接触性皮炎

接触性皮炎的发病原因是接触到引发过敏的物质后产生的过敏反应，表现为湿疹性红疹。通常病灶都是在接触到物质的部位，发病的速度和强度依个人体质而有所不同。治疗的方向为移除引发过敏反应的物质，所以要详细检查曾经接触过的所有东西。

临床上可以通过"过敏原测试"或验血来确定引发反应的过敏原。但如果依据病史就可判断可能的致敏物，先移除该物质，观察症状有没有改善，倒也不必一定要做过敏原测试。

儿童最常见的导致接触性皮炎的过敏原其实是水。小朋友常洗手或太爱玩水的话，久了手指容易发红脱皮，这种俗称叫作富贵手的毛病其实就是接触性皮炎。如果是这种情况，建议小朋友洗完手以后赶快擦干，并抹上护手霜。

痣、胎记和血管畸形

宝宝出生的时候，很多妈妈都发现宝宝背部、臀部有大片"瘀青"。我们在这个章节会简单介绍痣、胎记、血管瘤、血管畸形等问题。

蒙古斑（胎记）

蒙古斑和痣一样，属于皮肤上不成熟黑色素细胞组成的皮肤异常表现。根据不同的样式、大小和部位，有不同的名称。常发生在婴幼儿身上的胎记通常指的是蒙古斑，好发部位为背部下方与臀部，为蓝黑色的大斑块，通常在青春期之前慢慢消失。

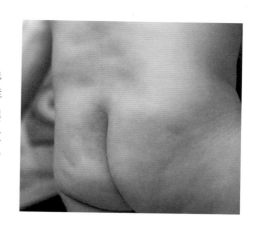

咖啡牛奶斑

咖啡牛奶斑是外观扁平且界限分明的棕色斑块。虽然神经纤维瘤症的患儿会有咖啡牛奶斑的症状，但不代表有咖啡牛奶斑的孩子就一定有此种疾病。大约有10%的正常孩子身上可见咖啡牛奶斑，但若是数量上不多（＜6个）、大小不大（青春期前＜5毫米、青春期后＜15毫米），且没有其他症状，就不必太担心。

鲑鱼色斑

鲑鱼色斑，又名为乳儿细血管痣，是最常见的新生儿皮肤血管变化之一，好发在后脑勺的头皮、印堂和上眼皮。鲑鱼色斑还有可爱的俗名送子鸟痕（后脑勺处）与天使之吻（印堂与上眼皮处）。鲑鱼色斑外表平坦、形状不规则，大部分于1岁前消失，并不需要特别处理。

葡萄酒色斑

葡萄酒色斑是界线鲜明的紫红色斑块，出生即有，大部分在头颈部。葡萄酒色斑的成因是皮下微血管扩张。因为好发位置影响形象，所以一般建议从婴儿时期就开始接受激光治疗。但是要注意葡萄酒色斑是否合并眼睛部位血管畸形。

血管瘤成因是血管组织构造异常，分为毛细血管型血管瘤、海绵状血管瘤和蔓状血管瘤。俗称的草莓痣就是血管瘤。因为不小比例的血管瘤发生在头颈部，会影响形象，甚至造成孩子心理上的自卑以及人际关系的问题。

约40%的血管瘤患儿出生即存在，但更常见于出生后2个月内发病。一部分血管瘤在2岁以内先经历增生期，之后慢慢消退。50%～65%的血管瘤在5岁以内自然消退，70%在7岁以内自然消退，90%在9岁以内自然消退。

但是如果存在以下三项情形之一，一定要积极治疗。

1 血管瘤生长速度非常快。

2 血管瘤长在妨碍功能的地区，例如眼睛周围、耳道内、鼻腔内或口腔内。

3 范围过大或容易出血。

临床上的血管瘤治疗主要以激光手术和注射类固醇硬化治疗为主，也进行切除手术。血管瘤的治疗方式有哪些呢？黄毓雅医师表示，针对血管瘤，目前已经有很多使用口服药物 及外用药物成功治疗的案例，是激光治疗或手术切除之外的一个选择。

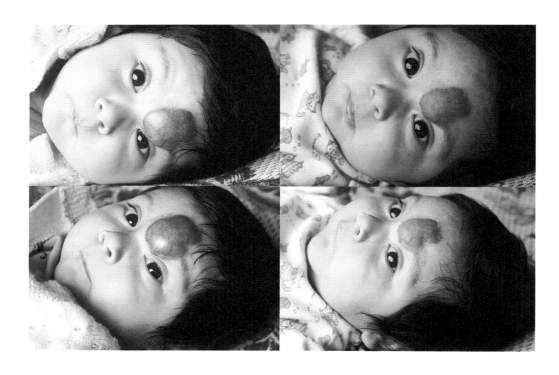

通常于出生后1～3天出现，1周内会消失。足月婴儿大约有一半有此种表现，不需要特别处理。新生儿中毒性红斑多出现在躯干处，为1～2毫米大小的丘疹或水疱。

有些宝宝出生几天后开始长脓包，看起来非常可怕，而这个皮肤病的名称更吓人，叫"新生儿中毒性红斑"，有的家长一听到病名眼泪就掉下来了。其实新生儿中毒性红斑一点都不严重，2周左右会自行消退，通常对小朋友的健康没有影响。因此当家中孩子得了新生儿中毒性红斑时，爸妈不必过度恐慌，更别被病名吓到。

皮脂腺相关的肌肤问题

婴儿痤疮

宝宝刚出生的时候，会受到妈妈体内激素的影响而出现皮脂腺分泌过度旺盛的情况。婴儿痤疮大多数会慢慢自行消退。婴儿痤疮病灶与青春期痤疮相同，粉刺、脓包、丘疹都可能出现，处理方式也是大同小异。

有一些婴幼儿会长一点痤疮，如果不严重的话擦药就可以了。需要留意的是2～7岁长痘痘的孩子：这个年龄层长痘痘，可能是因为内分泌失调引起，爸妈务必要找专科医师做检查。7岁以后长痘痘都算正常，不需太过担心。

粟粒肿

粟粒肿与麦粒肿不同，大小为1～2毫米的表皮囊肿，外表为白色，任何年龄都可能会出现，好发于脸部，甚至会出现在硬腭与牙龈上。

当孩子得了粟粒肿时，许多爸妈都想帮孩子挤出来，到底该不该这么做呢？皮肤科黄毓雅医师认为，粟粒肿在挑破挤出以后会暂时消失，不过还是有复发的可能。因为粟粒肿并不影响健康，所以并不建议过度治疗。

其他常见的宝宝皮肤疾病

宝宝的肌肤柔软脆弱，常常在身上冒出小小的红疹，看孩子不停抓痒，爸妈既心疼又着急。以下简单介绍几种常见皮肤疾病，这些都常见于宝宝。

尿布疹、疹子

其实尿布疹不是一种单一疾病的诊断，是泛指在尿布包覆范围的皮肤，与包覆尿布有关的皮肤发炎感染的总称，引发尿布疹的原因大致上可分为下面四种。

1 接触性皮炎。
2 感染性皮炎。
3 过敏性皮炎。
4 热疹。

尿布疹的发生往往不是单一原因导致的，有可能一开始因为屎尿闷着造成的接触性皮炎，皮肤受伤之后续发细菌感染，形成感染性皮炎。不论是哪一种原因，处理的重点就是"保持屁屁的干爽"。除了勤换尿布之外，症状较严重的时候要晾屁屁：如果宝宝还不会翻身，采取俯卧姿势，下面垫着防尿垫，让宝宝的屁股充分裸露出来。如果宝宝已经会翻身、爬，更换尿布时，先将屁屁吹干或是晾干，再换上纸尿裤。

通常宝宝有尿布疹，家长都会擦"护臀膏"来缓解红肿。一般"护臀膏"的主要成分为氧化锌，就是"护臀膏"擦起来会显得白白的成分。如果是严重的尿布疹，会加上类固醇药膏和"护臀膏"一起使用。如果发炎情况在使用类固醇药膏后也没有改善，就必须考虑是不是存在细菌感染，最好让专科医师进行诊断，确诊是否需使用抗生素。

另外，不能忽视有一种尿布疹是因为过度频繁清洁，涂抹各种清洁品、药品、保养品造成的过敏性皮炎。

在纸尿裤的选择上，要重视大小适宜，因为每个宝宝体形都不大一样。另外，要在换纸尿裤时注意腿部以及腰部不要过紧，造成闷热、压迫而形成热疹。会站立的宝宝可以考虑选择拉拉裤，穿拉拉裤腰部的压迫感比较小。

这样做，远离尿布疹

爽身粉
少量蘸取即可

湿纸巾
选择无香精、酒精，且不含化学成分的湿纸巾

护臀膏
涂抹少量即可

纸尿裤
勤换纸尿裤，更换时擦干屁屁

痱子又称汗疹，为汗腺出口阻塞形成。护理的方法为降低室内温度，减少衣服等。因为小朋友不会自己随着温度变化穿脱衣服，夏天非常闷热，一不小心就会出痱子。在照顾小朋友的时候要注意不能让他们着凉，也不必穿得太多。

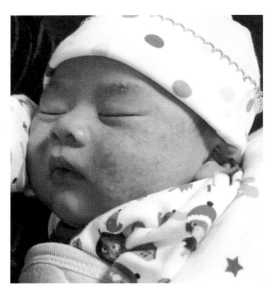

口水太多没有及时擦拭，以致嘴唇周围出现红肿等现象，就称为"口水疹"。但有时候宝宝嘴边红肿，不是因为口水长期留在口腔周围造成的，而是因为念珠菌感染。两者不同之处是念珠菌感染会有一小粒、一小粒的突起，口水疹大多是红红、平平的一片。孩子因为皮肤相当细腻，角质层较薄，相当娇嫩，容易因为口水刺激而产生反应。不过随着年龄增长，皮肤的角质会增厚，保护力加强，口水疹自然就不再犯了。

照顾口水疹的宝宝，保持口唇周围干爽是第一原则，擦拭口水的力道以及擦拭纸巾的质地很重要。有时候家长对此过于关注，只要宝宝一流口水就马上擦掉，其实频繁擦拭会给皮肤带来负担。没有口水疹的宝宝，不需要随时随地擦口水，有口水疹的宝宝，擦拭的方式以"按干"为主，用质地细致的纱布巾、纸巾轻轻地用按压方式吸走口水即可。对付口水疹通常不需要特别用药，保持干爽、保护肌肤就能自愈。但是情况相当严重，怀疑有感染，一定要寻求专科医师的帮助。

口水疹该怎么解决？皮肤科黄毓雅医师表示，典型的口水疹通常会擦一点类固醇，但如果口水疹时间长了就可能同有霉菌感染，这时需要使用抗霉菌药物来处理。总而言之，不管擦什么药，最重要的是保持皮肤干爽，避免反复发作。

幼儿急疹

病毒感染时常出现一种全身性不痛也不痒的疹子。大部分疹子是由身体中心往四周散发，随着病程发展，疹子通常会自行消退。比较广为人知的就是幼儿急疹。

通常幼儿急疹出现的时间点，是发热之后体温下降时，即病程走过高峰期的阶段，所以看

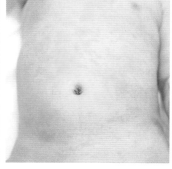

到身体出幼儿急疹的时候，反而应该高兴：这次病毒感染已经熬过最艰难的时候。反过来说，如果出现的疹子会痒或是疹子出现以后孩子的症状没有改善（例如还在持续高热），就很可能不是幼儿急疹，有可能是疹子，也可能是特殊感染造成的皮肤症状或其他疾病，例如斑疹伤寒、紫斑症，这时候还是寻求医疗机构的帮助。

荨麻疹

荨麻疹的特色就是一块一块浮肿、瘙痒泛红。这些"疹子"会不断改变位置。引起荨麻疹的原因主要是过敏，但是发生在婴幼儿身上的荨麻疹，有可能是感染引起免疫冲击所致的过敏反应。

因为婴幼儿的免疫系统尚未成熟，每一次面对病毒、细菌等病原菌感染都会做出不适当的反应，因此婴幼儿的荨麻疹常常发生在感冒和生病的前后。因为这个因素，一些感冒药会因此背负上"造成宝宝过敏"的污名。

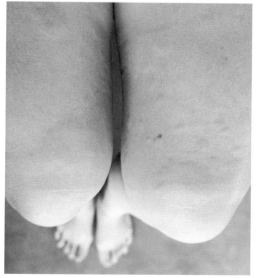

荨麻疹的处理方式，最主要的就是移除病因。如果是因为生病感冒引起的，只要疾病治疗得当，荨麻疹自然就会消退。如果是食物或是其他物质接触引发的，家长就得仔细地观察，详细探查，找出可能致敏原。只是很可惜的，大部分致敏原不那么容易确认。

特别小，不建议给宝宝做过敏原测试，除非宝宝有"致命性的过敏反应"，例如休克。一旦宝宝因过敏导致休克，就有必要非常积极确定致敏原，这时候做过敏原测试是非常必要的。因为这个测试只能提供"可能会引起过敏反应"的线索，呈阳性反应的物质不代表绝对引起过敏反应。例如大部分人对奶、蛋都会呈现阳性反应，但是实际上吃鸡蛋喝牛奶不一定会有过敏现象。

因为免疫系统非常复杂，还多变，要确定引发过敏的因果关系非常不容易。不要轻易因为一次怀疑某种食材导致孩子得了荨麻疹，从此就不让他碰这种食材。

另外，如果真的担心食物过敏，加工食品尽量少碰，尤其是零食类，很多零食点心都会掺加不利于健康的添加剂，如人工色素、香精、防腐剂……这些化学产品也常常是引起过敏的元凶。

针对荨麻疹，该让孩子口服药还是擦药膏呢？因为荨麻疹，很可能孩子全身从头到脚都会出疹子，一般来说要靠擦药来解决有点困难（不可能把小朋友全身都泡在药膏里），通常还是用口服药来治疗。轻微的荨麻疹可以靠抗组胺药（抗过敏药）来解决，而比较严重的荨麻疹往往还是要吃一些类固醇才能控制。

病毒疣

病毒疣，看名字就知道是由病毒引起的皮肤病。它是不痛不痒的皮肤突起，状似肉瘤，但较为坚硬，传染的途径是直接皮肤接触，可能是人与人的直接接触，也可能是环境当中的接触。造成病毒疣的最大原因是人类乳突病毒（HPV），大多侵犯手与脚处。

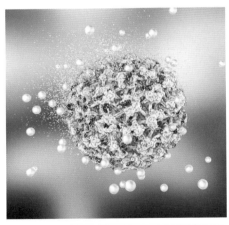

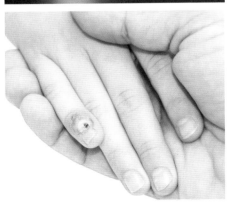

病毒疣长在脚上，容易与"鸡眼"混淆。在潮湿的环境，像是浴室的地板、泳池的更衣室等地方，都是容易被传染到病毒疣的地方。如果家中有人得了病毒疣，千万不可以跟其他人共用毛巾，以免扩大传染，更要避免传染孩子。有时候孩子会去"抠"病毒疣的病灶处，抠破就会造成里面受感染的皮肤细胞暴露出来，大量的病毒沾染在手上，手再去触摸身体其他地方的皮肤，就会把病毒传出去，造成身体多处感染。

病毒疣的治疗主要以冷冻和药物治疗为主，治疗过程需要耐心。以下介绍两种治疗病毒疣的方法。

❶ 一般来说比较快的方法是做冷冻治疗，也就是利用-197℃的液态氮把受感染的皮肤冻死。不过这会很疼，小朋友一般接受不了。

❷ 擦一些酸类（如水杨酸、乳酸等）的药物，虽然见效稍微慢一点，不过不那么疼。

其实小朋友的病毒疣不必过度治疗，可以先擦药观察一段时间再决定是不是要冷冻，有的病毒疣过一段时间会自行消失。

✚ 第二招：由孩子的状态判断皮肤不适的严重性

新生儿的皮肤角质层本来就比较薄，皮下微血管又丰富，而且宝宝的汗腺发育尚未成熟、新陈代谢的速度也快。若给孩子穿太闷热，汗分泌一多，汗腺就容易阻塞，所以婴幼儿容易出疹子。

宝宝的肌肤柔软脆弱，常常会在脸、脖子、身上出现小小红红的疹子，若不是很严重，可以再观察。若红疹持续时间长，应该就医，以确定病症，对症用药，如果用错药会导致症状恶化，反而不利于医治。许多爸妈看到孩子皮肤出疹子，会想到直接帮孩子擦药。请记住，千万不要自行给婴幼儿涂药处理皮肤问题，以免因误判病情而延误治疗！

✚ 第三招：替孩子解决皮肤不适的居家护理妙方

看完前面介绍的各种常见宝宝皮肤不适症状及相关疾病，接下来就让我们一起看看如何从居家生活下手，减缓孩子肌肤不适的状况吧。

妙方1 减少环境过敏原

环境中的灰尘和尘螨都是常见的过敏原，也是异位性皮炎恶化的原因。因此建议家中最好不要用地毯、布窗帘（尽量用百叶窗），保持环境清洁以减少灰尘。此外，起居室内湿度不要太高，尽量让宝宝少玩毛绒玩具。

布窗帘、毛绒玩具、地毯处都容易藏常见过敏原。

环境闷热时，可以用毛巾按压吸干孩子的汗水，但不能过于用力擦拭，以免摩擦刺激。若宝宝因为流汗有一点点湿，就要立刻帮宝宝换衣服。勤帮宝宝洗澡也是很好的解决办法。

前面有提到，适当使用保湿产品可以舒缓宝宝的皮肤不适症状，也有保护肌肤的作用。婴幼儿时期需由家长帮忙涂抹保湿产品，大一点的孩子就可以训练他自己涂抹，让孩子从小就养成保护皮肤的好习惯。

建议选择无色、无香精的乳液，这样对宝宝比较好喔！

若宝宝涂抹乳液后出现皮肤炎症状，应先请专科医师诊断，千万不能自行擦药！

113

　　异位性皮炎孩子的皮肤是一种极端敏感的肤质，对外在刺激的反应会比一般人来得激烈。在衣服的材质选择上尽量要柔软而不刺激，一般来说纯棉的衣料是最理想的。

　　然而夏天闷热、冬天寒冷，因此根据不同的季节，我们还需要留意几个小细节。

夏天

　　夏天往往是潮湿而闷热，光站着就满头汗。很多异位性皮炎的小朋友在夏天皮肤状况都变得格外糟糕，主要是汗水刺激造成的。棉质的衣料的确吸汗，但却只是把汗水吸附住，如果不能赶快排掉，很快会觉得皮肤黏腻瘙痒。

　　所以如果孩子活动量比较大、容易流汗，可以改穿排汗衫，或是在运动后赶快给孩子洗澡、换衣服。但要留意，排汗衫毕竟是合成纤维，有些孩子穿起来觉得不舒服，实际上还是要看孩子穿起来的反应再做决定。

冬天

　　冬天因为气温低，毛衣可以说是宝宝的必备单品，然而毛料（不管是天然羊毛或合成纤维）的纤维都比较粗，常常刺激皮肤，让异位性皮炎患者的肌肤感到瘙痒。所以最好是在毛料衣物的里面加一层纯棉的衣服：一方面减少刺激，另一方面增加保暖效果。至于自发热内衣，因为不透气，通常建议尽量不要给孩子穿。

宝贝肚子痛时，我该怎么做

➕ 第一招：如何观察孩子是否肚子不适

　　会说话的孩子通常都能清楚地表达"我肚子痛"。如果是婴幼儿，一般急性腹部疼痛时会本能地将身体蜷曲如虾的姿势。小儿腹痛算是儿科很常遇到的主诉，不同的年龄、疼痛的位置、发作的时间和相关症状都跟腹痛的原因、诊断相关联，因此家长必须仔细观察记录这些细节，就诊时作为病史提供给医师。这是非常重要的信息，医师通过这些信息能够确切且迅速地做出鉴别诊断。

需要特别观察记录的特征

① 腹痛的形态和程度：激烈的剧痛、隐隐作痛、钝痛、绞痛、刺痛……

② 腹痛的发作时间。

③ 腹痛的位置，特别是位置有没有发生改变。

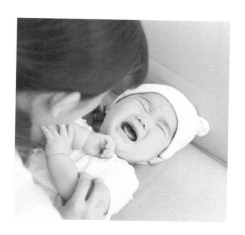

④ 腹痛发作的频率：一直疼痛，还是间歇性的疼痛，有时候小宝宝会用哭泣来表达腹痛，所以腹痛发作的频率需要观察宝宝哭闹频率与时间。

⑤ 腹痛发作的时间点：空腹疼痛，还是吃饱后疼痛。

⑥ 排便的形态：水泻、秘结及大便的颜色、形状、味道等。

⑦ 伴随：呕吐、吐血、腹泻、便秘、血便、发热等。

⑧ 旅游史、接触史及接触人员等。

✚ 第二招：简单了解孩子肚子不适的原因

　　引起腹痛的原因很多，大部分跟消化系统的疾病有关，如急性肠胃炎、便秘、阑尾炎、肠套叠和肝胆方面的疾病。但是不要忽视泌尿系统的疾病、生殖系统的疾病和肺炎、紫癜也会有腹痛的表现。另外，去学校或幼儿园的孩子，不想去上学的精神压力有时候会表现为腹痛，这也需要家长密切观察才能分辨出来。

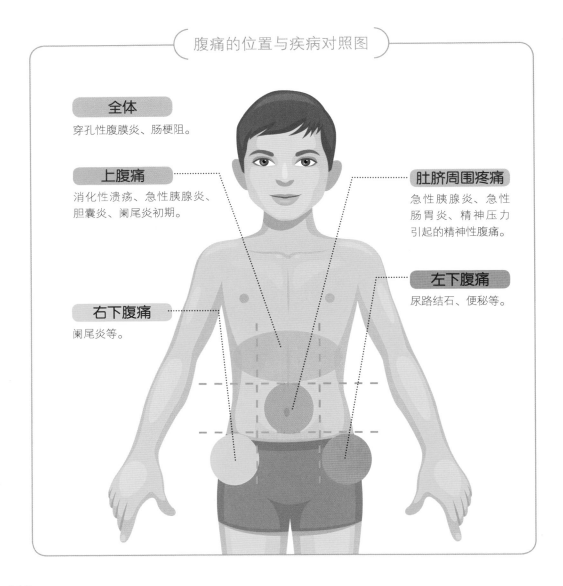

腹痛的位置与疾病对照图

全体
穿孔性腹膜炎、肠梗阻。

上腹痛
消化性溃疡、急性胰腺炎、胆囊炎、阑尾炎初期。

右下腹痛
阑尾炎等。

肚脐周围疼痛
急性胰腺炎、急性肠胃炎、精神压力引起的精神性腹痛。

左下腹痛
尿路结石、便秘等。

第三招：了解引发孩子肚子痛的常见疾病——急性腹痛

家中宝贝肚子痛的时候，最重要的就是要第一时间排除有手术必要的紧急状况。

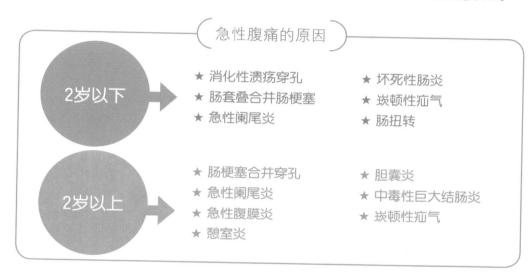

急性腹痛的原因

2岁以下
★ 消化性溃疡穿孔
★ 肠套叠合并肠梗塞
★ 急性阑尾炎
★ 坏死性肠炎
★ 嵌顿性疝气
★ 肠扭转

2岁以上
★ 肠梗塞合并穿孔
★ 急性阑尾炎
★ 急性腹膜炎
★ 憩室炎
★ 胆囊炎
★ 中毒性巨大结肠炎
★ 嵌顿性疝气

肠套叠

肠套叠的成因就是"大肠包小肠"（如右图），好发的年龄4个月~1岁。约95%患儿发病原因不明，约有5%患儿病因是肠子构造异常：良性肿瘤、憩室炎、过敏性紫癜……大部分有肠子构造异常的案例会是2岁以上发作。发生肠套叠多数先出现拉肚子。症状以腹痛、呕吐和血便为表现。一开始婴儿会因为小肠套入大肠造成的腹痛而哭闹，肠子脱出时腹痛解除，又可安静下来。肠套叠的初期表现是间隔10~30分钟间歇性反复啼哭。

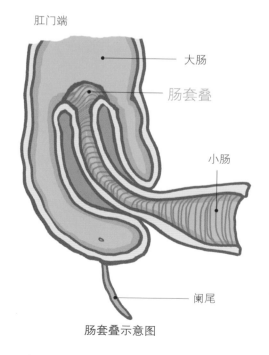

肛门端
大肠
肠套叠
小肠
阑尾

肠套叠示意图

随着病程进展，小肠发炎、肿胀而卡死在大肠时，孩子腹痛无法解除，就会难以安抚，持续哭闹，且因为肠子梗塞的缘故，呕吐中会混合胆汁。肠壁因为发炎受伤，粪便会混合鲜血和黏液，外观如同草莓果酱样。这就是典型的肠套叠的"草莓果酱便"。到这种情况已经相当严重，要立即就医。

在肠套叠24小时内诊断出来进行治疗，结果较好，如果延迟病情就有可能有生命危险。

急性阑尾炎

"阑尾"位于右下腹，在大小肠交界处一个状似蚯蚓的细长肠子。因为它像一个细细长长的小袋子，如果有粪石或是肿胀的淋巴结塞住它的开口，就会引起发炎，即我们平时称的"阑尾炎"。

急性阑尾炎在儿科领域是一个颇具挑战的疾病，最主要的原因是诊断不易。一方面阑尾炎本身表现得千变万化，另一方面孩子表达不清楚，而且没有诊断率高的辅助检查，另外孩子对于检查的配合度也较低，因此正确即时地诊断出阑尾炎的困难较大。而且仅能依靠尽可能详尽的病史询问和身体的病理学检查，再配合抽血检验或影像学检查来提高及时确诊的可能。综合这些因素，每年有接近半数的学龄前孩子确诊阑尾炎时已并发肠穿孔和腹膜炎。

典型的阑尾炎，腹痛一开始描述为在心窝附近，肚脐周围，随后疼痛会移动至右下腹部，并且蜷曲肚子会好受一点，所以患者通常会弯曲成虾一般。但是如果病情已经进展到肠穿孔或腹膜炎，就会全腹疼痛。因为疼痛，触诊时，腹部肌肉会因为疼痛而紧绷，也就是腹肌用力的状态。阑尾炎是一种渐进式的肠子发炎疾病，通常伴随轻微的发热，有时候也会出现恶心或呕吐，但是对诊断没有特别的鉴别度。

阑尾炎的治疗最重要的就是"确定开刀的时机"。轻微的阑尾炎可以考虑用内科方式治疗，即给予抗生素。但是如果发展为肠穿孔或是腹膜炎，就必须进行手术，将发炎组织和脓清除干净。

➕ 第四招：了解孩子肚子痛的常见疾病——腹泻

家中宝贝拉肚子该怎么办？腹泻的定义是，"大便水分多且次数增加"。要注意母乳宝宝的便便会比较软且次数多，妈妈认为的腹泻不见得是真的腹泻。引起宝宝腹泻的原因以病毒感染为主，其中轮状病毒感染比较严重。轮状病毒好发于6个月~3岁的孩子，潜伏期一般为2~3天，以人传人的方式传染。如果是细菌性的腹泻，以感染大肠杆菌、曲状杆菌（Campylobacter）和沙门氏菌为主。

　　至于发病的症状，病毒性腹泻的特征为腹泻合并呕吐，30%~50%的孩子会有一般感冒症状（流鼻涕、咳嗽等）。如果症状发生得很突然、先呕吐后腹泻，腹泻的粪便以黄水的形态为主，味道偏酸臭，发热的情况轻微，就很可能是病毒感染引起的腹泻。如果粪便有异常恶臭、掺杂血丝黏液、合并高热，就要怀疑是不是细菌感染引发的。两者的治疗最大的差异就是是否使用抗生素，相同之处为注意预防脱水。

　　如果孩子恶心呕吐的情况不太严重，可经口进食，要优先口服电解质补充液体。通常药店里有口服电解质补充液，也可以使用运动饮料和水以1∶1的比例勾兑后饮用。不建议直接饮用运动饮料，因为含糖量高。另外稀释苹果汁也可以，使用市场销售的苹果汁和水以1∶1稀释。

　　进食的选择上，有的人认为一定要吃，有的人认为要空腹让肠胃休息。其实没有绝对的标准，看孩子的食欲恢复状况如何，不要勉强孩子进食。母乳的婴儿就持续喂母乳即可，人工喂养的宝宝，冲泡配方奶需比平时稀一些。已经开始吃辅食或是与大人同样进食的幼儿，以清淡无油的食材为主：豆腐、面条、白稀饭、馒头等，烹调的方式也要避免油脂。油脂之外，乳制品、辛香料也是要避免的。服用止泻药要遵医嘱。如果是细菌性腹泻，过度使用止泻剂反而让细菌积在肠道，病情变得更严重。

什么是难治的腹泻?

1 出生后3个月内发病。

2 症状持续2周以上。

3 粪便细菌培养检查没有特定病原菌生长（检查为阴性）3次以上。

4 本身无特异性疾病。

5 腹泻已经造成营养失衡，影响生理机能。

　　长期、慢性腹泻且反复发作，会让肠道表面的黏膜受伤，黏膜受伤以后就会造成肠子吸收能力下降。久而久之就会出现营养不良，以致免疫力不佳，然后容易发生感染而导致再一次肠胃炎，形成恶性循环。同时因为肠道消化吸收功能不良，双糖无法分解为单糖，脂肪与蛋白质无法分解为可吸收的小分子，使得肠内渗透压增高而腹泻。

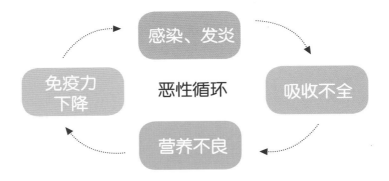

难治的腹泻有哪些特征?

　　出生时体重正常，出生后1~2个月大时开始生病，平均每2周发作一次，发作时一天排便的次数可以从6~7次暴增为15~16次。因为消化机能低下以及肠黏膜受伤，粪便中混有血丝、黏液和颗粒。因为营养吸收极差，孩子会有体重增加不理想，皮下脂肪薄、毛发稀疏、浮肿、腹部膨胀等表现。

　　诊断上，这种难治型的腹泻采用的鉴别诊断方法为"排除法"。结合病史和家族史，进行各种抽血检验、验尿、验粪便和影像学检查等，将可能的疾病一项一项排除掉。

✚ 第五招：了解孩子肚子痛的常见疾病——呕吐

呕吐在儿科是很常见的症状，它是很多疾病都会表现的症状。呕吐的严重度取决于导致呕吐的原因。因此找出呕吐的原因，判断是否需要紧急处置很重要。儿科医师进行病因诊断时，孩子年龄、呕吐方式和经过、呕吐物的内容和其他伴随症状，都很重要。

造成呕吐的原因，最常见的不外乎是胃肠道感染、发炎或是消化器官梗阻。前者常见于肠胃炎、阑尾炎和腹膜炎等，后者可能会是先天性消化器官梗死（例如先天性食道闭锁）、幽门肥厚症、肠扭转、肠套叠等。另外，胃炎、消化性溃疡也会有呕吐的症状。还有脑炎、脑膜炎、脑瘤、低血糖、先天代谢异常、尿毒症等，也会伴随呕吐。新生儿的呕吐通常是生理因素导致的，较大的孩子有时候还要考虑精神压力引起的呕吐。

如果是新生儿反复喷射呕吐，要考虑幽门狭窄的可能性。呕吐物含有胆汁（呕吐物通常会颜色偏绿）要特别小心，有可能是肠扭转的症状。观察呕吐物的内容也可以推测病因：先天性食道闭锁是泡沫状黏稠的呕吐物；如果梗阻的部位是在上消化道，呕吐物是凝固的乳汁；梗阻的部位如果是在十二指肠以下，呕吐物混入胆汁；如果梗阻的部位是更低位的下消化道，呕吐物带有粪臭味。

小宝宝呕吐，最重要的就是不要让呕吐物呛入气管，引发吸入性肺炎。所以当宝宝开始有呕吐的征兆时，要赶快将宝宝的头部往侧面摆位，避免宝宝呕吐物呛入气管。治疗呕吐的原则就是找出原因后对症下药。如果是先天性食道闭锁，就要赶快找小儿外科进行手术。肠胃炎就要根据病因给予适当的药物。先天性代谢异常的罕见疾病需要的治疗就更复杂了，血浆置换，给予特殊配方奶等。新生儿低血糖引起的呕吐，要尽快矫正血糖。

呕吐时，年龄越小的孩子越要注意脱水和电解质紊乱这两个问题。

处理的方法就是适当补充水分，必要时输液纠正电解质紊乱。还没添加辅食的婴儿，补充水分时给予母奶或配方奶即可。超过三餐无法进食（摄取水分）的婴幼儿就建议输液补充水分以避免脱水。在家里尝试给予止吐药物，如果效果不好就需要就医，在诊室如果无法口服止吐药物，可以肌肉注射。如果有脱水的状况要输液补充水分。

第六招：了解孩子肚子痛的常见疾病——食欲不振

宝宝吃饭不香是很多妈妈烦恼不已的第一要事，但在临床上定义为食欲不振，通常指的是"相较于正常的量，一段期间食量减少的状态"。引起食欲不振的原因可能是生理的，也可能是心理的。通常我们评估孩子是否食欲不振，除了观察进食量以外，体重的增长状况也很重要。

有时候会遇到这种情况：其实是孩子零食吃多了导致正餐吃不下，通常这种情况体重不会有异常。要改善孩子食欲不振的情况，首先要找到引起食欲不振的病因。例如肠病毒造成口腔内多处破口，疼痛导致孩子拒绝进食，或是肠胃炎导致的食欲不振等。

另外零食的量也要严格控制，确定食欲不振不是因为零食吃饱了所致。有时候婴儿会因为呼吸不畅而出现吞咽困难，鼻塞、喘息都会导致孩子表现出喝奶不顺。大一点的幼儿，尤其是有上幼儿园的孩子，则要特别将精神性食欲不振纳入考虑范围。

 医师·娘碎碎念

不管孩子吃太多还是吃太少，家长都会心急如焚。像笑话说的，老公瘦了婆婆就会对媳妇说，你虐待我儿子；老公胖了，婆婆就会说你是想让我儿子心肌梗死吗？！道理一样，吃多吃少中微妙的平衡真的很难掌握。比起孩子吃得多还是少，老实说，吃得均不均衡更重要！我自己从小就是个又难喂又挑食的小孩，我妈现在每次看到我为了孩子不吃或是乱吃而发火的时候，都会欣慰地表示"现世报"。小时候，我的体重永远都被评估为过轻，直到中学以后胃口莫名开了，现在也是个身材高挑、体重保密的英姿焕发女孩。

有时候在电视或是网络上会看到一些莫名其妙的产品宣称可以促进孩子食欲，我觉得不如把时间、精力花在研究怎么煮出促进孩子食欲的色香味营养俱全的饭更实在。

✚ 第七招：了解孩子肚子痛的常见疾病——便秘

便秘在婴幼儿并不少见，印象最深的是，曾经在急诊室看过一个两三岁大的孩子，主诉是肚子痛，整个人号啕大哭。后来检查完以后发现是满肚子大便所致。

随着孩子年龄增长，肠道成熟，肠内益生菌完善情况不同和饮食内容的改变，大便的情况就会有所不同。便秘的成因根据不同年龄也稍稍有所差异。要判断孩子是否便秘，通常考虑以下几个方面。

💔 3~5天以上未排便（纯母乳宝宝不适用此条）。

💔 同时不太愿意进食。

💔 一吃就吐。

💔 便便很硬，甚至带血，还腹胀。

造成便秘的原因，不外乎下面三种。

❶ 食物或水分摄取不足。❷ 消化道有阻塞性疾病。❸ 消化道蠕动麻痹性疾病。

如果没有这些基础的问题，可能是因为长期憋便，便块在直肠的时间过久，直肠内壁感受便便的感应接收变得迟钝，同时便便的水分被肠子吸收而变硬，致使排便反射降低。这种情况下，排便时硬便让肛门口裂开引发疼痛，这样不愉快的经历又会让宝宝更排斥排便，继续憋大便，形成恶性循环。

面对满肚子大便的未来主人翁，希望让他们能成为（排便）觉醒青年的话，需要从饮食、排便习惯等方面着手。一定要摄取足够水分和膳食纤维：蔬菜、豆类、菌类、海带、红薯等，都是富含膳食纤维质的食品。这类食物食用后有较多的纤维残渣刺激肠道蠕动，产生便意。

尚未添加辅食的孩子，从母奶或配方奶中摄取的水分已足够，不必额外喝水。如果需要补充水分，直接给奶就可以了。已经添加辅食的孩子，因为水分会从汤、果汁以及食物本身当中获得，所以不好评估孩子摄取的水分是否够。补充水分的选择上，果汁类要注意糖分的含量，另外桃汁和黑枣汁对促进排便有帮助，只是要记得加水稀释后再喝，以免摄取过多糖分。因为孩子在夏天流汗多，水分流失多，所以外出活动回来建议让孩子喝一杯（20~30毫升）水。

健康食品的益生菌对于肠道菌群的建立有好处，也可以适度给予孩子。同样的，有的益生菌产品做成糖果，就要留意是否会让孩子吃太多糖。酸奶是很受孩子欢迎的益生菌补充食品，不过未调味的口感其实相当酸，厂商为了让孩子愿意吃，通常会添加大量糖，这部分也是家长在选择时需要特别留意的。

另外2.5~3岁的年纪，要训练孩子养成良好的排便习惯，比如每天固定时间去"嗯嗯"。如果已经有硬便的状况，适度使用一点点软便剂来缓解排便的痛苦，对去除孩子对"大便会屁股痛"的恐惧会有帮助。

要帮孩子养成良好的排便习惯喔！

如何刺激小婴儿排便

按摩

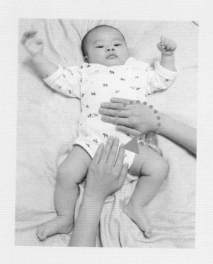

　　用手掌顺时针方向轻柔地给宝宝在脐周按摩，搭配使用婴儿油或是胀气膏、薄荷精油（如果是蚕豆症①的宝宝不可以使用此类挥发性外用品），以促进宝宝肠胃蠕动。按摩的时机建议是洗澡前，宝宝心情舒畅的清醒时段。刚吃饱的时候或是哭闹不止时不要按摩，前者容易造成溢奶，后者因哭闹时腹部用力，按摩也没有效果。

便便操

　　跟婴儿玩耍的时候，抓着他的双腿一上一下模拟走路姿势的方式来运动他的双腿，也可以达到促进肠胃蠕动的效果。如果同时跟宝宝说话或是唱歌，更利于宝宝成长。

 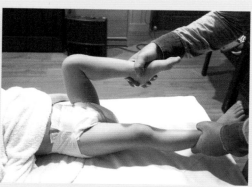

---

① 蚕豆症，医学名称为葡萄糖-6-磷酸脱氢酶缺乏症，是一种先天性疾病，一些人吃蚕豆会发病，故称蚕豆症。

宝贝骨骼发育出现异常时，
我该怎么做

儿科属于不手术的科别，所以骨骼发育的异常大部分着重在"生长发育"的部分，例如营养不良引起的发育不良、内分泌异常造成的发育异常等。如果是构造上的异常，或是有手术必要时，就会转到小儿骨科或小儿外科进行治疗和追踪。

小儿骨科是非常专业的学科。在台湾，小儿骨科医师需完成骨科专科训练后再另外进修。小儿外科也是如此。另外除了手术以外，相关的疾病很多也需要康复以及一些辅具的佩戴，这部分属于康复科。

说到小儿骨骼，大部分家长都会想到身高。但是身高发育其实是属于小儿内分泌科。造成身高发育异常（通常家长都是担心过矮），需要做的检查是小儿内分泌方面的检查。一般小儿骨科或是康复科所关注的疾病，是属于构造异常，例如先天性髋关节发育不良、漏斗胸、扁平足等。这个章节简单地向各位介绍常见的小儿骨骼异常疾病。

⊞ 第一招：认识小儿骨骼异常疾病——先天性髋关节发育不全

先天性髋关节发育不全（旧称髋关节脱臼），是最常见的新生儿骨骼异常之一。台湾约有1.2‰的新生儿髋关节发育不良。发病原因目前普遍认为与韧带的松弛度和胎儿在子宫内的位置有关。因此臀位、女宝宝、双胞胎等都是高风险人群。

出生以后的照护方式受影响。对于先天性髋关节发育不全的宝宝，有特别的照顾方法。双脚伸直的姿势会给宝宝的髋关节过多压力，容易造成髋关节发育不良，因此在照顾这些宝宝时尽量不要刻意将其双腿伸直固定。其实用背带背孩子，因为孩子的双腿会因为背带而弯曲着，反而不容易产生髋部问题。

所幸，在大部分儿科保健门诊会进行髋关节问题的筛检。但是髋关节发育不全症状轻微时，并不一定会在筛检中发现。疾病的发现需要天天与宝宝相处的家人密切观察。以下提供一些观察方法，有这些情况就要怀疑宝宝是否有先天性髋关节发育不全，尽早带宝宝至小儿骨科门诊进行确认。

对错背带使用比较图

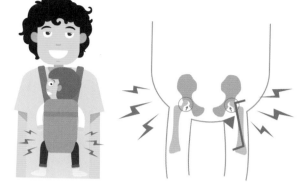

膝盖没有得到大腿的支撑，会对髋骨关节产生下拉力量。

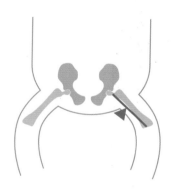

宝宝在背带上应呈M形坐姿，让膝盖得到大腿的支撑。

观察方法1

让孩子趴在床上，家长观察其屁股的形状及大腿近端的皮肤皱褶是否不对称，如果长度超过肛门口，且深，就要引起注意了。不过这种方式的缺点就是，宝宝的腿胖瘦不一，而且如果是双侧的髋关节发育不良，双侧都有皱褶，容易漏掉。

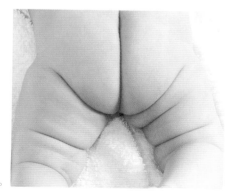

左右臀纹不对称。

孩子双膝曲折时，如果膝盖高度不一，就要怀疑是否有问题：通常有问题（脱臼）的腿看起来比较低。

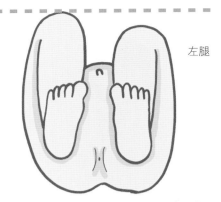

左腿

图中左腿膝盖较低，有可能是先天性髋关节发育不全。

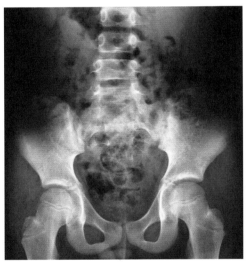

观察方法3

注意宝宝换纸尿裤时是否容易哭闹。因为换纸尿裤的动作需要将双腿外展摊平，这个动作会让脱臼的关节疼痛，另外脱臼的关节在做这个动作的时候也会比正常关节更难，也就是腿打开的时候两腿展开的角度不一样。

先天性髋关节发育不良的宝宝，因为关节较松，可能上一秒还是正常的，下一秒就脱臼了。因此换纸尿裤的时候如果感觉宝宝骨盆处"好像有声音"，也要怀疑是否存在脱臼。在小儿骨科门诊，医师会先徒手检查确认髋关节的松紧度。所幸现在有新的诊断利器——髋关节B超可以提高确诊率。

年龄不同，先天性髋关节发育不全的治疗也有所不同。越小开始治疗越好治且成功率高，6个月内发现并开始治疗是最理想的状况。随着年龄增长，孩子的活动力增加且关节内开始有软组织增生填补脱臼产生的空位，就需要用石膏复位，甚至手术。治疗的目标主要是提供固定，待髋关节稳定、髋臼发育正常（以X射线检查为准）就可以拆除了。因此积极地发现与治疗是解决先天性髋关节发育不全的不二法门。

漏斗胸是指前胸壁向内凹陷呈现漏斗状的异常。体态上会呈现双肩朝前伸，状似驼背和一个相对较突出的上腹部。发生的原因不清楚，男性较女性多。由于漏斗胸属渐进式病变，可能在宝宝出生时就已存在，但刚出生的时候并不明显，随着年龄增长才慢慢地凸显出来，因此许多家长在几个月甚至几年后才发现。

漏斗胸对生活造成的最大影响是外观的问题。除非严重畸形以致压迫到胸腔内的肺、心脏，而影响肺功能和心脏功能，否则不需要特别处理。就诊时，根据外观严重程度医师会安排心肺功能方面的检查，包括心电图、心脏B超、肺功能检查，甚至胸部CT。

胸骨凹陷

如果没有影响到心肺功能，医师会就外观影响的程度与家属讨论，外观不明显且没有任何症状的个案，会先建议做康复训练。举重、扶地挺身等运动能增加肩膀力量，减少肺功能恶化，但无法改善外观。因此需要父母对孩子进行心理辅导，告诉孩子要对自己的外表有足够的自信，引导孩子融入集体。

如果凹陷相当明显，或是严重影响到心肺功能，目前主要治法是进行微创手术：使用胸腔镜将金属板引导植入体内，将内凹的胸骨和肋软骨向外推进行矫正。金属板需留在体内2~3年再移出。相较于传统手术，微创手术破坏的肌肉骨骼更少，且可以重复施术，手术也不受年龄限制。

第三招：认识小儿骨骼异常疾病——扁平足

扁平足指的是站立时足弓不明显或是无足弓的现象。因为要承受全身的重量，足部发展出"足弓"。所有的新生儿出生时都是扁平足，因为婴幼儿足部脂肪较多且足部韧带较松。2岁前的幼儿有九成是扁平足，之后这一数据随着年纪增长而逐年下降，到成人阶段还有一两成是扁平足。

扁平足在日常生活上的影响主要是久站脚会酸。孩童时期，扁平足一般不需要特别治疗或是矫正。如果小孩因为扁平足导致步态不稳，走路时容易肌肉酸痛，特殊的矫正鞋垫可以提供足部正确的力学环境，让孩子在走、跳、跑、蹦时比较舒适。最重要的是，如果孩子走路常常跌倒，除了怀疑扁平足外，必须要先排除其他原因，如运动神经疾病、平衡感发育迟缓、肌肉张力不足、其他关节异常……

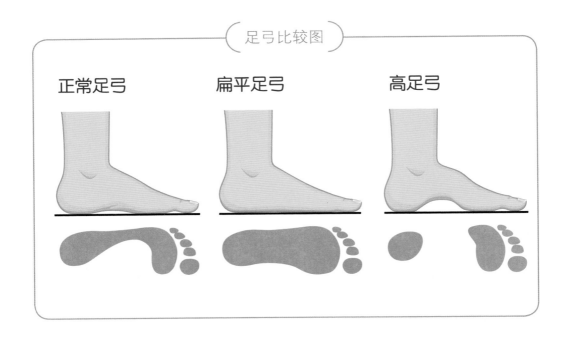

只有僵硬型扁平足是真正病态，需要治疗，弹性扁平足属于正常的生理现象，孩子长大以后就好了。判断是何种原因造成的扁平足，需要找专科医师检查与评估，再决定是否需要治疗。如果想使用矫正鞋垫，也需要经过康复医师的评估与测量，并量身定做，最好不要自行购买市售的相关产品，以免没有获得改善，反倒限制了孩子足部的正常发展。

所谓"僵硬型扁平足"是指不论足部有无受到压力，足弓都不会出现。对应僵硬型扁平足，还有弹性扁平足，即在脚踏地承受重量时，足弓塌陷扁平或消失，脚悬空不受力、站立踮脚尖或伸展拇指动作时，足弓就会出现。僵硬型扁平足最常见的成因是足部骨头互相粘着，没有在胚胎发育时顺利分离成为关节，造成后足关节活动度受限。治疗的方法以手术为主，根据具体情况定手术方案，治疗的目标是恢复后足关节活动度或是减少疼痛。

✚ 第四招：认识小儿步态不稳——X形腿、O形腿

小宝宝在妈妈的子宫里面，因为空间有限，肢体会受到挤压与折叠。因此刚出生的婴儿都是M形。渐渐呈膝内翻（O形腿），也就是将孩子两腿伸直并拢，双膝是无法靠拢的，中间约有三个指节的空隙。孩子刚会站立走路时，双腿会呈现膝外翻（X形腿）的现象，也就是双脚直立时双膝会靠拢，双踝却是分开的，约有一个拳头的距离。X形腿的现象在3岁最为明显，直到5~7岁腿部发育完全才会慢慢变直。这些情况是正常的生理现象，家长不必担心。

宝宝的腿形随成长的顺序分别为M→O→X→正常。

不过有些不良习惯和姿势会导致肌肉发育不良，进而影响腿形，例如过早训练孩子站、走路和使用学步车，孩子会因为腿部骨骼和肌肉还没发育完全就负重过多，将来变成O形腿的概率就大了！正常孩子站立、走路的时程在本书最前面第19页的"爸妈该注意的事"中曾详细解读过。

另外，还要说很多女孩子很爱的"萌鸭子坐姿"，也就是坐着的时候两小腿外翻，由正面看去就像一个W字母。若长期采取这种坐姿，会使腿部外侧韧带萎缩，造成永久性的X形腿。因此当孩子采这种坐姿时，爸爸妈妈应立即纠正。

每个小孩从爬行到走路，这一段发展过程当中，蹒跚学步是必经之路。但是如何判断步态不稳是正常的生理现象，还是有潜在的疾病，需要一系列评估。如果发现孩子走路常常跌倒，跛脚，走路的姿势不对（例如

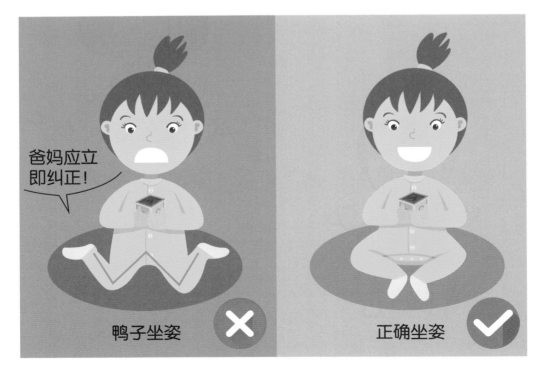

肚子明显往前凸出），上下楼梯有困难，蹲下站起来困难，排除鞋子的因素后，应找小儿神经科医师检查。

　　检查的内容包括步态、外观（是否有关节变形等）、肢体疼痛与否，还要检查肌肉力气、小脑协调性、肌腱反射等。根据不同的怀疑，还会有X射线检查、神经传导速度检查、脑部影像学检查和血液检查等。真正的病态因素造成步态不稳有可能是因为脊椎、骨盆腔、下肢疼痛、下肢无力所引起的。不过，孩子学习走路都有自己的时间表，可参考第19页的"爸妈该注意的事"，家长不要太着急，更多的情况是时间还没到。

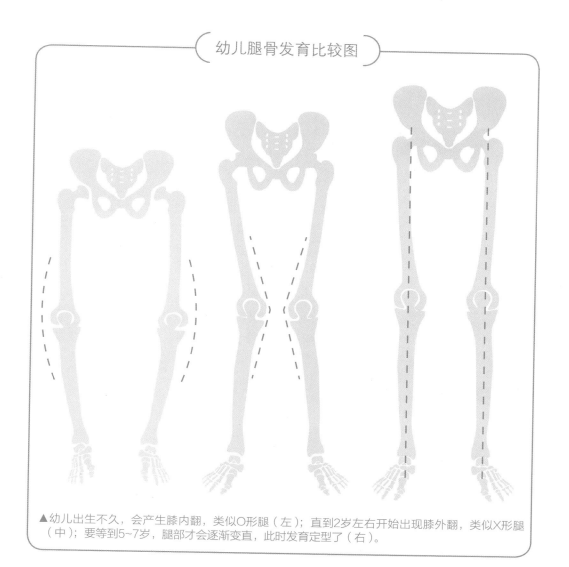

幼儿腿骨发育比较图

▲幼儿出生不久，会产生膝内翻，类似O形腿（左）；直到2岁左右开始出现膝外翻，类似X形腿（中）；要等到5~7岁，腿部才会逐渐变直，此时发育定型了（右）。

把握这些小细节能帮助孩子长高

影响孩子身高的因素很多，遗传、环境、营养、运动，通通都是！还有一些疾病会影响身高，例如垂体肿瘤导致生长激素分泌不足或过剩，这个问题属于小儿内分泌科。因为这些疾病通常不常见，所以在此就不赘述了。想要孩子长得高，除了充分发挥基因潜力外，跟大家分享几项重点。

饮食方面

均衡饮食，足够的优质蛋白质是成长不可缺少的原料。建议的营养成分比例：碳水化合物50%~55%；脂肪45%~55%；蛋白质10%~15%。

生活作息方面

早睡早起与适度运动有利于刺激生长激素分泌。晚上九点至次日凌晨三点是生长激素分泌的高峰期；空腹、运动过后也会分泌生长激素。

甜食摄取方面

运动后及空腹时避免摄取甜食。在运动完和空腹时如果摄取含糖饮料或甜食，胰岛素可能引发后续脂肪燃烧减少，脂肪合成吸收增加的连锁反应，抑制生长激素分泌。

孩子身高是否有潜力，主要是看"骨龄"，即"骨头年龄"，它是临床上医师用来评估孩子生长板关闭时间的重要依据。生长板关闭通常在15岁左右，孩子之间相差3~5年。骨龄的判断是照左手的X射线，再对照书上的骨龄发展图判定孩子的骨龄。骨龄与实际年龄并不一定相符，也就是说骨龄超前的孩子，他们能够再长高的时间与空间就相当有限。这项检查与判断需要专业医师进行。

医师 · 娘碎碎念

　　因为生得少，现在的父母对孩子的关注也就比上一代多一些。身高，尤其是男宝宝的身高，更是每个家庭都关注的一个点。如同59分就是不及格一样，男人如果179厘米就会觉得人生有了那么一点缺憾，其实并没有！！

　　身高这档事，遗传因素占相当大比重，不过也不是100%的绝对，身高计算公式如下。

男生身高＝（父亲身高＋母亲身高＋11）÷ 2 ± 7.5 厘米
女生身高＝（父亲身高＋母亲身高－11）÷ 2 ± 6 厘米

　　以我跟张医师的身高来算，我儿子将来的身高范围是172.5~187.5厘米。

（177+172+11）÷ 2 ± 7.5 = 172.5~187.5厘米

　　女儿将来的身高范围为163~175厘米。

（177+172－11）÷ 2 ± 6 ＝163~175厘米

　　没错，男生可以有±7.5厘米，也就是15厘米的差距；女生也有±6厘米，也就是12厘米的差距。所以自觉老公太矮的太太们，请先放下手上的"凶器"。这代表一个好消息和一个坏消息：坏消息就是，身高真的跟遗传有关（我150厘米的朋友哭了）；好消息就是好好养孩子，他还有最多15厘米的潜力！

宝贝眼睛疾病护理
及视力保健

这个章节其实并不是儿科的领域，通常儿科都是发现眼睛异常以后转到眼科处理。如新生儿斜视、弱视，眼睛里有白色反光，需要排除恶性肿瘤等情况。这里仅简单叙述孩子成长过程当中和眼睛有关的重要问题。小儿眼科本身就是一个专业学科，真的有眼睛和视力疑问，最好直接去找小儿眼科医师噢！

➕ 第一招：认识孩子常见眼睛疾病——斜视

新生儿刚出生的时候，大脑尚未发育完全，有时候孩子会出现眼球乱转的现象，尤其是睡着时。睡时翻白眼或是外翻都很常见。如果在清醒时孩子的双瞳位置是正常的，就不需要特别担心。斜视的定义就是指两眼的视线不一致，原因可能是控制眼球的肌肉或是神经发生病变，或是两眼协调的能力有问题。一般根据发病的时间、斜视的方向和两眼之间有无融像能力等来分类。因为新生儿头部还不能顺利转动，大脑还在发育，不必因为斜视过于担心，除非是有一只眼固定不动。更大一点的孩子，除了观察黑眼珠的位置有无歪斜及是否对称外，也要关注他们平常注视东西的姿势：有时候会因为斜视不太正常，例如下巴抬高、脸偏向一侧、头偏向一侧等。出现这些异常，可能是因为斜视，孩子想要看清楚才不得不这么做的。

斜视除了视力检查（偏斜的眼常常会随之发生弱视的现象），还要测量眼球运动状况、斜视角度，做眼底检查，甚至脑部影像学检查等。除了少数可配镜矫正斜视外，大部分都需要手术治疗。治疗斜视越早越好，因为早治疗可以减少偏斜的眼因为缺乏视觉刺激使得视觉机能发展受影响，引起弱视。

斜视中有一种状况称之为"假性斜视"，主要的发生原因是因为亚洲人种的鼻梁较宽、眼皮内侧较为肥厚，盖住眼白的部分较多，因此显得两边黑眼珠如同"斗鸡眼"般往内斜的错觉。但实际上眼位是正的，这种状况长大以后随着鼻梁变挺，慢慢就会消失。不过一旦确诊斜视，必须及早治疗，以免造成偏斜的眼视觉功能发育不良，引起弱视。另外斜视会造成外观上的缺陷，以致孩子在成长过程中自信心和人际关系受到影响。

▲【假性斜视】亚洲人种因鼻梁较宽，眼皮内侧较肥厚，使得黑眼珠看似特别靠近。

▲西方人因鼻骨较挺，出现假性斜视的现象比较少。

医师·娘碎碎念

　　我的老三小茜刚出生不久，我就一直觉得她的左眼好像特别内偏。一开始也想说是不是因为眼头还没开（人脸往往不见得是对称的，所以这种内眦赘皮也可能两侧不相等），但是越看越觉得不是。为此我拿着手电筒跟笔灯一直拼命地照她来确认眼位是否有问题，可是才刚出生的孩子根本不会乖乖地盯着你看，尤其是用亮光照她。所以我一直不放心，整天逼着我妈（眼科专家）观察小茜。偏偏小茜的眼歪都是在外婆不在的时候才偷偷跑出来，外婆来的时候她都没问题。

　　我无奈之下只好拿着手机"时刻准备着"，拍下小茜眼歪的模样给外婆看。但是很奇怪，外婆依然没有发现异常，最后我受不了，逼着我妈说"妈，你抱着她看半小时！半小时！！"这样才被外婆抓到她眼歪。即使如此，我妈也是淡淡地抛下一句："6个月以内这种间歇性出现的不准，因为他们脑部控制眼球转动的部分还没有发育完全。"

　　的确如妈妈所言，随着小茜慢慢长大，她的眼睛不再乱转了，也没有内斗了。只是我深深地感受到那种家长在诊室一直说小孩哪里有问题，偏偏小孩就会在那个时刻表现得正常得不得了的心情了。要不是因为是自己老妈，也不可能有逼着医师抱着孩子，啥事都不干就跟她对看半小时这种事。幸好现在手机有录像拍照功能，得以让我们即时记录，洗清我们家长的清白（？）！

顺便说一下，怀疑斜视的时候，要看的是小儿眼科！

137

✚ 第二招：认识孩子常见眼睛疾病——弱视

弱视是儿童视力不良的主要病因之一，大约有2%的人患有弱视，数量并不少。所谓弱视是指视觉机能不佳，成因是视觉发育过程没有接受适当的视觉刺激。新生儿出生时视力很差，大脑掌管视觉的部分还不成熟，而刚出生的前3个月是视觉发育的黄金期，到七八岁视觉发育成熟。以下这个循环就是弱视的成因：眼睛缺乏正常的视觉刺激→大脑的视觉中枢发育不良→视觉功能发育不良（弱视）。视觉发育有赖正常的视觉刺激，需要三个先决条件。

💔 视网膜能够接收清楚的影像。

💔 两眼的影像清晰度一致。

💔 两眼视线一致，可以共同视物。

由上述这三个条件，我们可以推出引起弱视的原因不外乎下面三点。

弱视的诊断标准为，3岁孩童视力4.8以下，5岁孩童视力4.9以下，或是两眼的视力相差两排（以检测表为准）以上。治疗的方向首先要针对产生的原因进行处理，例如斜视的处理、先天性白内障手术治疗、屈光异常进行镜片矫正等，再对弱视眼进行训练。治疗弱视不但要尽早，而且过程相当漫长，花上好几年的时间是常有的事。这些都需要孩子和家长高度配合，只有这样才能获得较好的治疗效果。

第三招：认识孩子常见眼睛疾病——结膜炎与鼻泪管阻塞

　　水灵又清澈的大眼是婴幼儿的魅力之一。被那样无邪的目光一看，真的是天上的月亮也愿意帮他摘下来。若看到心爱的宝贝双眼蒙上一层眼屎，或是眼睛通红，家长一定心疼得不得了。如果是因为感染出现的眼屎，通常会像脓一般，量多、色偏黄，常见的原因有新生儿眼炎和流行性角膜炎。另外鼻泪管阻塞也会因为鼻泪管不通，泪囊发炎使得分泌物堆积在眼睛上。

新生儿眼炎

　　新生儿眼炎是新生儿在通过产道的时候，结膜感染产道中的细菌、病毒所产生的结膜炎或角膜炎。早期使用硝酸银眼药水，虽然它能够有效地减少细菌性结膜炎，却可能会引发化学性结膜炎，因此最近的潮流改为使用抗生素眼药水或药膏，例如四环霉素眼药膏、红霉素眼药膏等。因为新生儿眼炎的治疗和致病菌相关，所以第一步要做的就是鉴别诊断病原菌的种类，然后根据不同的病原菌进行治疗。

流行性角结膜炎

　　孩童时期发生的流行性角结膜炎，最常见就是具有高度传染力的腺病毒。因为腺病毒的传染力非常强，而且感染期可长达2周，因此受传染的孩子最好隔离2周以上。受感染的孩子会有结膜充血、水肿，表现为红眼、畏光、流泪等，因此这种病也称为"红眼病"。

　　如果孩子眼睛常常有大量黏脓性分泌物，在结膜上呈现一层乳白色膜状物，称为"伪膜性结膜炎"。可以用棉棒轻轻擦拭，过程中可能会有轻微的结膜出血，但不至于造成结膜的伤害。伪膜性结膜炎需要积极进行病因的治疗，定期地去除膜状物以免造成其他疾病，例如角膜瘢痕等。通常整个病程与疗程1~2周，主要是给予预防性的抗生素和类固醇药水缓解症状。

鼻泪管阻塞

　　鼻泪管阻塞的婴儿常常会"泪眼汪汪"，如果宝宝常常流泪和出现黏稠分泌物，就要怀疑是否存在鼻泪管阻塞。可以轻压泪囊（lacrimal sac）的位置，如果有混浊液体从泪管口（punctum）溢出，就提示鼻泪管不通造成了泪囊发炎。

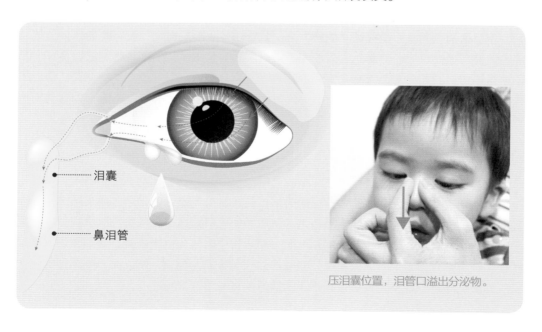

泪囊

鼻泪管

压泪囊位置，泪管口溢出分泌物。

治疗的方式为使用眼药水或眼药膏治疗泪囊发炎，同时配合泪囊按摩：以手指轻压泪囊部位，向下按摩。按摩的目的是定期排出泪囊内的分泌物，避免细菌感染导致泪囊持续发炎外，也可以给予泪管压力，打通鼻泪管。大部分婴儿经过这样的保守治疗，鼻泪管能自行畅通。如果超过12个月还没有好转，最好进行手术。

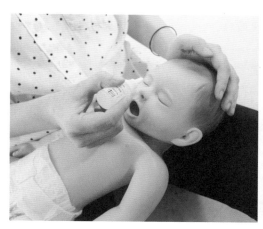
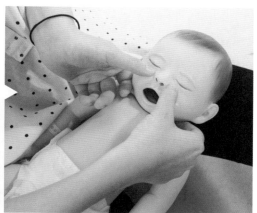

❶ 将眼药水滴入眼内。

❷ 滴入药水后，以手指轻压泪囊部位,向下按摩（★家长按摩前一定要清洁双手）。

第四招：认识孩子常见眼睛疾病——先天性白内障、视网膜胚母细胞瘤

眼睛为了要让光线毫无阻碍地进入眼睛到达视网膜顺利成像，所经过的路径都是透明澄澈的。但是如果眼球里面有一些病变造成不透明，"拍照"时就会呈现白色反光，也就是所谓的"白瞳"。任何情况产生白瞳现象都是不正常的，要立即去小儿眼科进行检查。

先天性白内障

所谓的白内障指的是眼球构造当中的水晶体混浊现象。先天性白内障，指的就是出生时即有水晶体混浊。先天性白内障分为双侧或是单侧，双侧性的病因大多是遗传或是先天代谢异常，也可能是母亲在怀孕时感染风疹、水痘等造成的。单侧的先天性白内障要注意是否合并其他的眼科疾病，大部分在临床上找不到病原。

先天性白内障除了会有白瞳之外，还会有视线遮蔽引起的视力不良和眼球震颤等症状。治疗的手段主要是手术，术后要进行光学矫正和积极的弱视治疗，尽可能改善或是保住患眼的视力。

视网膜母细胞瘤

视网膜母细胞瘤是小儿最常见的眼内恶性肿瘤，让人闻之色变。大部分在1~1.5岁被确诊，有30%~40%的病童为双侧病灶。一开始被发现的症状往往只有白瞳现象，以及因为肿瘤遮盖引起的视力不良、斜视等。

因为是眼睛最重要的恶性肿瘤，所以需要将眼球摘除。这当然会影响到视力。除非病灶很小，才会考虑采用其他方法来保存视力，例如激光治疗、冷冻治疗、放射治疗等。如果癌细胞转移，需要配合化疗。视网膜母细胞瘤是非常严重的肿瘤，治疗要很积极，后续的复检也很重要，以避免癌细胞复发和转移。

✚ 第五招：保护视力从小做起

新生儿的视力是随着年纪增长而增强，刚出生的时候4.0，之后速发展到6个月大时为4.2，3岁左右有可能达到4.8，6岁后与成人视力相同。立体视觉在孩子3~4个月大才开始发展出来，直到3岁时完成。

视力检查需要孩子具备一些基本的能力，像是认得视力表的缺口，有足够的表达能力等。一般来说，视力检查通常从3岁开始。而3~6岁又是治疗先天性弱视的黄金时期，如果忽略了，将来要恢复正常就很困难了。

除了视力表以外，孩子检查视力还需要点散瞳剂验光。但是点散瞳剂会有轻微的刺痛感，散瞳之后也会因为瞳孔放大而有畏光和视力

模糊的现象，一般经过5~8小时才会恢复。点散瞳剂的原因是因为孩子眼睛的调节能力太强，也就是容易有所谓的"假性近视"的现象，而点散瞳剂则强迫肌肉放松，能测得真实的准确度数。

近视

亚洲地区的孩子近视的比例远高于西方国家，除了种族遗传的差异以外，生活状态是最重要的影响原因。如长期近距离用眼，看书、写字、用电子产品，再加上缺乏活动空间，缺少户外运动等，以及整个社会文化以学习成绩挂帅的氛围之下，使得东亚地区近视率都偏高。而且高度近视（＞600度）会出现白内障、青光眼、视网膜脱落、黄斑出血、黄斑裂孔和视网膜黄斑变性等并发症，严重的会导致失明。

有时候家长听到眼科医师提到所谓的"假性近视"，遇到这种情况表明孩子没有近视，但如果之后不注意保护视力，等到孩子真的成为近视就来不及了！近视一旦发生，就是一条不归路。如果不注意，会以每年50~100度的速度增长，直到成年（18~20岁）为止。

小学 ➜ 每年增加约100度（50~150度）。

初中 ➜ 每年增加约100度（50~150度）。

高中 ➜ 每年增加约50度（25~75度）。

举例来说，如果小学一年级就近视100度，若没有积极控制与治疗，到成年（高中毕业）时，度数可能超过1000度。

成年度数 = 100×6（小学六年）+100×3（初中三年）+50×3（高中三年）
　　　　 = 1050度

如果积极地治疗，并配合改善生活习惯，则有可能保持在高度近视的标准以下。

成年度数 = 100+50×5（小学）+50×3（初中）+25×3（高中）= 575度

保护视力这样做

长时间、近距离用眼不当，会影响视力。视力保健是一项需要从个人、环境到社会共同努力才能达到目标的健康促进行动。以下简单地整理影响视力的保健重点。

❤ 保护眼睛就要走出去：户外环境因为光线明亮均匀，且在户外望远可以让眼睛肌肉放松休息，是最好的保护视力活动。应多选择户外的活动和运动作为孩子的才艺，且让孩子每天至少

在户外活动2小时。有研究指出，光线均匀对近视防治是有益处的。

❷ **看近物3010原则**：近距离用眼每30分钟（看书、电视、电脑时）休息10分钟。

❸ **距离产生美感**：看电视最好距离屏幕是电视对角线的5~7倍，书写绘画时保持35~40厘米以上的距离为佳。

❹ **灯光很重要**：光线不宜过亮或过暗，书桌的灯光以偏黄色的暖调光线较佳。选用有电流稳定器的台灯，摆设位置以惯用手对侧投射（例如右手写字，灯源从左前或左后投射）。

❺ **定期检查视力**：满3岁就要去眼科进行视力检查，且每半年到一年检查一次。

医师·娘碎碎念

虽然知道3岁以上应该要去检查视力，每年至少检查一次，但是点散瞳剂真的让家长和孩子却步。若不点散瞳剂检查，检查结果又不准确，真的很难选择啊！想到我大儿子阿伦第一次点散瞳剂的情景那个惨烈：我必须用两只脚夹住他的躯干，两只手固定住他的头，一个人压制他的膝关节（不然会乱踢），再一个人抓住他的双手，负责点药的人一手拿药剂一手用力地拨开眼皮，就不寒而栗。最可怕的就是，眼药水点下去以后还是要继续"撑"眼皮，以便让眼药水可以留在眼睛里久一点。可是阿伦马上就用力眨眼把眼药水挤出去了，呈现出电视剧女主角刘雪华3秒落泪的状态，结果当然就是又被架着点一次药水。

虽然过程非常的惨烈，但是如果不散瞳，就无法知道他视力的真实状，所以我还是坚持定期给孩子检查视力。我自己从小不乖，常躲在被窝偷看金庸小说（电视被我妈锁住了，没得看），所以现在没有眼镜就跟瞎子没两样，非常不方便，同时也担心那些高度近视带来的并发症。如果真的失明了，就算唱一百遍《你是我的眼》也是看不到啊。

顺便说一下，带孩子进行户外活动相当耗体力，还容易因为被晒受到紫外线的伤害，所以这种事情最好大量外包给不需要美白的老公噢！

如何正确替婴幼儿清理眼屎以及点眼药水

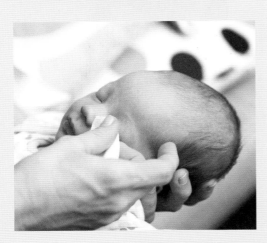

清洁眼屎

当孩子有眼屎时，很多家长会用指甲或随手抽取面巾纸帮孩子擦拭，这是非常不卫生的。如果直接擦拭干眼屎，会导致眼睛黏膜受伤，也会弄痛孩子。所以当孩子眼屎很多，需要清洁时，最好拿干净的毛巾或是面巾纸，沾湿拧干到不会滴水的程度（温水尤佳），先敷在眼睛上让湿气软化眼屎，或点一些生理盐水，再轻柔地将眼屎擦拭干净。

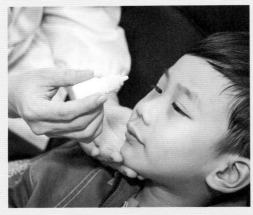

帮孩子点眼药水的方法

点眼药水

一般在点眼药水的时候，我们都会用手指撑开上下眼睑或是拨开下眼皮使得下眼睑略微外翻，再将眼药水点入。通常这样的方式会遭到孩子激烈地反抗，尤其是点有点刺痛感的散瞳剂时。有些家长就会因为孩子反应激烈不知不觉放弃持续点药治疗。

婴幼儿的眼睛相当脆弱，并不适合一般成人点药水的方式，他们通常会对点药水表现得非常抗拒，又不会忍耐，在此情况下"撑开"孩子眼皮的时候就容易受伤。

要帮这群"小野兽"点眼药水，下面几个要点可以帮助各位"驯兽师"。

💢 害怕的话，就把眼睛闭起来吧。

让小朋友反向躺在我们的双腿间（跟帮幼儿刷牙同样的姿势），让孩子眼睛闭起来，眼药水点在眼头处，再用手指轻柔地上下或是左右拉扯眼皮，让药水从眼缝中流入（见下页图）。

2️⃣ 趁睡觉的时候点眼药水。

3️⃣ 顺利点完以后要表扬孩子。

（ 帮孩子点眼药水的方法 ）

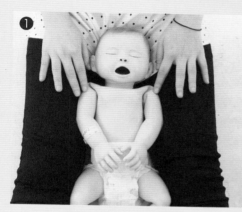

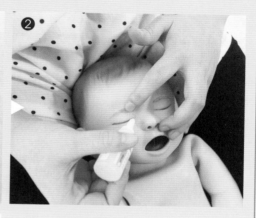

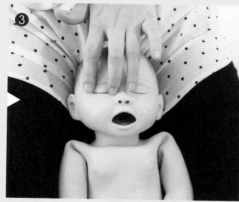

❶ 家长清洁双手，然后用腿固定住宝宝。

❷ 眼药水点在眼头处（可让孩子眼睛先闭起来）。

❸ 用手指上下或是左右轻轻拉扯宝宝眼皮，让眼药水从眼缝中流入。

应对意外伤害的急救指南

　　有统计表明，儿童（14岁以下）的十大死因之一，就是意外事故。而发生意外的场所，最普遍的是家。意外事故可以大致归类为：①交通意外。②异物卡喉、窒息或溺水。③跌倒、坠落及外伤（骨折、出血）。④烧烫伤（火灾、高温烫烧、化学灼伤）。⑤中毒。

　　意外事故的发生与预防，可以用瑞士乳酪模型（Swiss Cheese Model）来阐释。这理论是英国曼彻斯特大学教授詹姆斯·瑞森（James Reason）于1990年提出的。瑞士乳酪在制作发酵过程当中，会产生许多孔，当多片乳酪重叠在一起的时候，每个乳酪的空洞位置不同，光线根本无法穿过。只有在很极端的情况下，空洞刚好连成一直线，才会让光线透过去。将这一理论用在意外伤害，就是意外事故的发生，如同光束同时穿过每一道防护措施的漏洞。换句话说，当我们检查孩子意外事故时，往往会发现只要增加防护的层数（乳酪层数）及减少疏忽（孔洞）的发生，就能降低意外发生的概率。

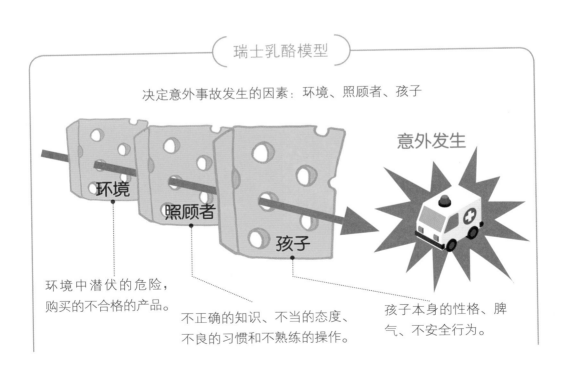

瑞士乳酪模型

决定意外事故发生的因素：环境、照顾者、孩子

意外发生

环境

照顾者

孩子

环境中潜伏的危险，购买的不合格的产品。

不正确的知识、不当的态度、不良的习惯和不熟练的操作。

孩子本身的性格、脾气、不安全行为。

改善意外事故发生

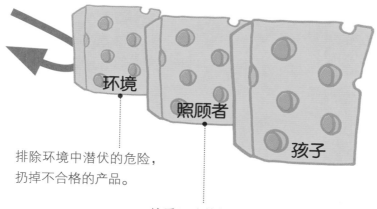

环境

照顾者

孩子

排除环境中潜伏的危险，
扔掉不合格的产品。

接受正确的知识、培训。

✚ 第一招：婴幼儿意外急救法——交通意外

发生交通意外（车祸）时，这样做。

💔 不要随意移动孩子，尤其是怀疑有头颈部外伤及骨折时。

💔 设置警示标记，避免后面来车撞上。

💔 初步采取止血措施。

💔 如果孩子无生命迹象，立即做心肺复苏（CPR）。

💔 立即拨打急救电话120，如果在北京也可以打999。

预防措施

❶ 婴幼儿乘坐汽车一定要正确使用汽车
安全座椅。

❷ 婴幼儿尽量避免搭乘摩托车，较大孩
子搭乘摩托车时要佩戴安全帽。

❸ 14岁以下孩子不要坐在汽车前座，避
免安全气囊爆开时孩子受伤。

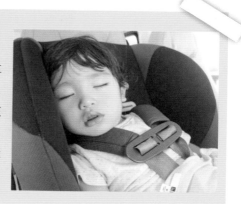

心肺复苏口诀：叫-叫-C-A-B-D

　　在看到需要进行心肺复苏的孩子时，第一步是先确立环境是否安全，确认孩子周围有无生命危险，如毒气或高压线等。如果怀疑颈部受伤，切记不可贸然摇动或移动孩子，以免颈部脊椎二度受伤而加重病情。如果发现孩子无反应，但仍有呼吸时，让孩子仰卧摆成"复苏姿势"。

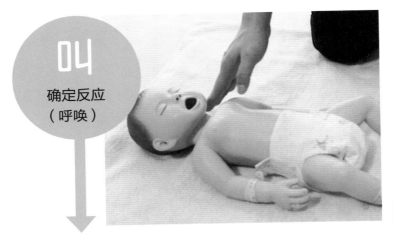

叫
确定反应
（呼唤）

呼唤，同时轻拍孩子肩部，确定孩子有无反应。

叫
求救
（打急救电话）

呼喊求救，打120。若急救者只一人，呼叫无人回应时，可先进行心肺复苏5个循环后，再自行拨打120。

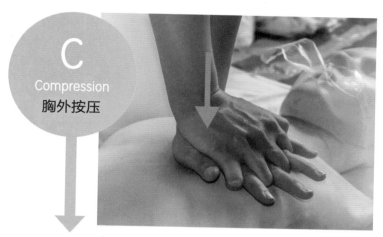

C
Compression
胸外按压

胸外按压口诀：快快压、胸回弹、莫中断、2分换。

注：成人胸外按压用双手掌根按压，但婴幼儿万万不可用双手掌根，以免用力过猛压断胸骨，刺入心脏。

	儿童（1~8岁）	婴儿（＜1岁）
按压位置	两乳头连线中点（或剑突上两横指）	两乳头连线中点下方
按压方式	单手掌根、食中指（或双拇指）	食中指（或双拇指）
用力压	约5厘米	约5厘米
快快压	100~120 下/分钟	
胸回弹	胸部按压之间应让胸部回弹至原来位置	
莫中断	胸部按压尽量减少中断，如果中断，以不超过 10 秒为原则	
2分换	若现场其他人也会心肺复苏，可每 2 分钟换人进行胸外按压	

A

Airway

呼吸道畅通

使用压额举颌法打开呼吸道，并且检查口中是否有异物。如果有，直视下取出异物，切勿盲目挖取。

★ 压额举颌法：一手压前额，另一手抬下巴，使头往后仰、颈部伸直、嘴巴张开，以打开孩子的呼吸道。

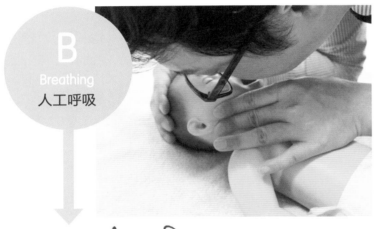

B

Breathing

人工呼吸

2次人工呼吸：也就是压胸3次后，再打开呼吸道、然后直接口对口人工呼吸2次，每口吹气时间约1秒钟，吹气时要看到胸部有起伏，也要避免过度吹气。

婴儿

对婴儿人工呼吸是用口整个罩住婴儿的口鼻吹气。

儿童

对儿童是使用口对口人工呼吸（一手轻捏鼻孔，另一手抬下巴，口对口吹气）。

尽快使用自动体外除颤仪（AED）。优先使用儿童AED电击贴片；如果没有才选择使用成人AED电击贴片。

★1岁以下婴儿应优先使用手动除颤仪，若无才选用小儿AED贴片，再无则用成人AED贴片。

背面   正面

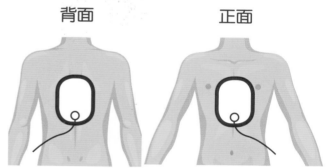

自动体外除颤仪使用方式

① 开：打开电源，依自动体外除颤仪语音指示操作。
② 贴：按自动体外除颤仪图示贴上贴片。
③ 插：若贴片导线接头尚未插入电击器，要插上。
④ 电：插上电后请勿碰触患者，待分析后，依指示电击一次或执行心肺复苏5循环（2分钟）；按下电击键前必须确认无人碰触患者，按下电击键后依指示立即执行心肺复苏5个循环，而后依自动体外除颤仪指示进行操作。

★一个循环（胸外按压：人工呼吸＝30：2）

　　胸外按压30次以后，进行2次人工呼吸，称之为"一个循环"，执行5个循环大约为2分钟。要持续做到孩子会动或是120工作人员到达为止。如果急救者未经过训练或人工呼吸技术不熟练、不敢做，则连续做胸外按压。当患儿恢复动作或自主呼吸，仍然需要继续保持呼吸道通畅，或将孩子摆位成复苏姿势等待急救医务人员到达。

婴儿心肺复苏

婴儿心肺复苏示范影片①

婴幼儿的紧急心肺复苏术要分1岁以下（婴儿）和1岁以上（儿童）。两者差异点为进行胸外按压方式、位置和深度。这里所写的是最基本的救护，专业人员版的心肺复苏术建议报相关课程进行实地演练后再实际操作以下示范1岁以下（婴儿）的心肺复苏步骤。

1/ 呼叫

首先确认意识状况，一般会拍孩子的肩膀，并呼叫他的名字。

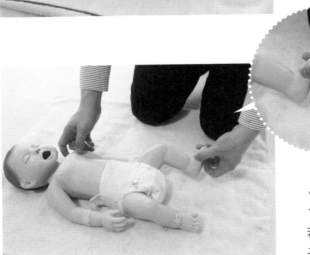

2/ 刺激脚底

若拍肩呼叫没有反应，用手指弹孩子脚底或用触摸的方式刺激孩子。

---

① 视频中急救电话为119，这是因为台湾急救电话为119，大陆急救电话为120，在北京地区还可以拨打999。

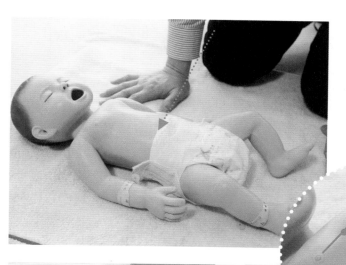

3/检查呼吸

目测腹部有没有起伏，如果没有，表示孩子无法自主呼吸，应立即进行急救。

4/寻找按压点

确认周围有没有人可以帮忙拨打120，同时寻找按压位置进行胸外按压。按压点为两乳头连线中点下方2厘米左右。

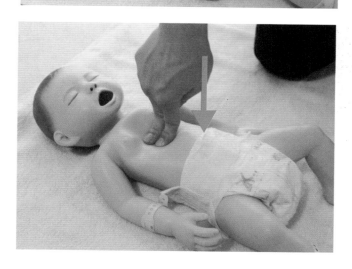

5/按压1/3的胸腔

胸外按压深度至少1/3以下，速度1分钟约100下。建议边按压边喊出次数，压胸30次后人工呼吸2次。

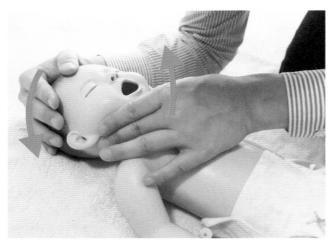

6 呼吸道畅通

使用"压额举颌法",一手压前额,另一手抬下巴,使孩子头往后仰,颈部伸直,嘴巴张开,以打开孩子的呼吸道。

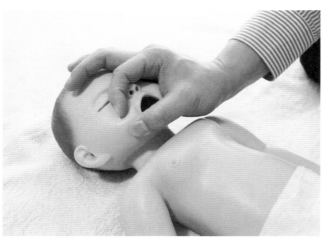

7 找出口鼻吹气的范围

用口罩住婴儿的口鼻,吹气。

8 进行2次人工呼吸

再压胸30次,直接口对口人工呼吸2次。每次吹气时间约1秒钟,吹气时要看到胸部有起伏,但要避免过度吹气。

大众心肺复苏及自动体外除颤（儿童版）流程图

听从120急救人员指示

只有一个人时，先进行5个循环的心肺复苏，再去打电话或求救。

❶ 确认现场是否安全

↓

❷ 确认有无意识

↓

❸ 大声呼救，打120，获得自动体外除颤仪（AED）

可以用手机打120，尽量不要离开孩子。

↓

❹ 确认是否有呼吸 ——呼吸正常→ **持续监测 等候救护人员到场**

↓

没有呼吸或几乎没有呼吸

若无法确定，即开始胸外按压（第5格）。

↓

❺ 开始胸外按压（单手掌根或手指置放于胸骨的下半段）

· 压胸深度：至少胸廓深度1/3，勿超过6厘米。
· 压胸频率：每分钟100~120下（一秒钟2下）。
· 压胸尽量别中断。
· 每次按压后，胸部要完全回弹。

↓

❻ 重复压胸与人工呼吸 每压胸30次给予2次人工呼吸

若受过训练，尽量给予人工呼吸。

↓

❼ 自动体外除颤仪到达后，贴上贴片，打开机器，依指示操作，之后立即进行心肺复苏

↓

持续高质量的心肺复苏至救护人员抵达或孩子有动作或能正常呼吸

★注：1岁以下的婴儿应该优先选用手动除颤仪。

第二招：婴幼儿意外急救法——异物卡喉、窒息或溺水

当孩子因为异物卡喉、溺水或其他意外造成窒息时，紧急处理的原则如下。

💔 保持呼吸道畅通，如果是异物卡喉，用海姆立克急救法（第159页）排除呼吸道异物。

💔 如果是溺水者，要保持身体温暖。

💔 生命征象微弱或是测不到的时候，第一时间给予紧急心肺复苏术（CPR）。

预防异物卡喉

💔 注意，孩子触手可及的地方不能放小东西，如纽扣、玩具零件等。

💔 不要给小朋友花生米、整粒玉米、硬糖、果冻或是有核的水果（桂圆、荔枝等）。

💔 告诉孩子不要边跑边吃东西，避免吞咽时食物掉入气管。

💔 孩子哭闹时不要喂食，以免食物呛入气管。

婴幼儿海姆立克急救法

　　"噎到"是孩子最容易发生的意外，当孩子不幸因异物卡喉有呼吸困难及咳嗽的现象时，大部分人都会惊慌失措。此时千万不要试图用手伸入孩子口腔盲目挖取异物，应立刻施以"海姆立克急救法"。

　　婴幼儿因为年纪还小，不太能够表达自己被噎到，因此爸妈要有警觉性，并熟悉海姆立克急救法的操作，在关键时刻才能救孩子。以下分别说明不足2岁的宝宝与2岁以上孩子在噎着时如何使用的海姆立克急救法。

不足2岁的婴幼儿

　　不足2岁的婴幼儿头颈部还很脆弱，传统的海姆立克急救法容易伤到内脏，因此要使用"击背压胸法"。

婴儿海姆立克
急救法示范影片

1／身体翻过来（脸朝下）

固定好宝宝柔软脆弱的头颈部，用虎口托住宝宝下巴，将宝宝翻过来脸朝下，让宝宝胸腹部趴在手臂上，双腿分开跨在急救者手臂两侧呈趴姿，急救者手臂靠在大腿上，让宝宝呈现头低脚高的姿态。

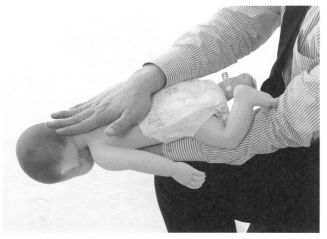

2/拍打背部

背击的点在两侧肩胛骨下缘连线的中间处，以手掌根部对准此处，距离30~40厘米处连续叩击5次。通常宝宝呼吸道的异物会咳出来或被拍打出来。

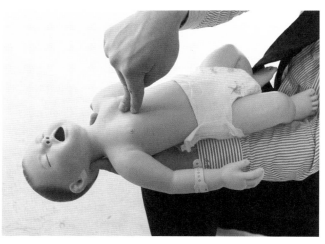

3/身体翻过来（脸朝上）

若拍打后无效，仍未将卡喉异物吐出，则用另一只手掌包住婴儿后脑勺，将宝宝夹稳并翻身呈现仰姿（一样是头低脚高），准备施行胸压法。

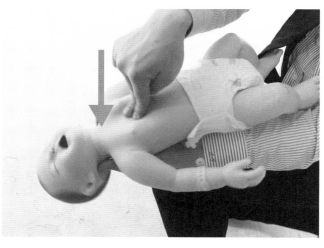

4/压胸

胸压处在两乳连线中点的下方，用食指和中指在此处快速连续按压5下。

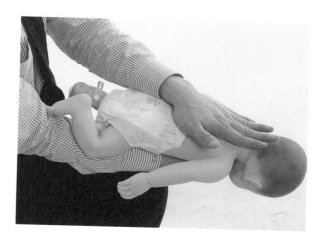

5/翻过来拍打

若卡喉物仍未吐出，将宝宝翻过来继续拍打（重复步骤1、2的动作），直至将异物拍出。

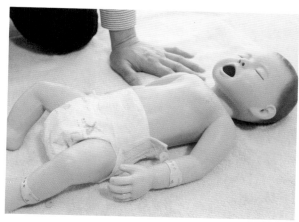

6/确认意识

宝宝异物吐出后，将宝宝翻回来并确认其意识（例如发出哭声），若宝宝无意识，就必须进行心肺复苏（婴儿心肺复苏步骤请见第154页）。

2岁以上孩子

"海姆立克急救法"可用于2岁以上的儿童及成人。实施方式如右图，环抱在孩子背后，一手握拳（拇指对准孩子肚脐与心窝连线中心位置），另一手包住握拳的手并握紧，两手快速向上向内方向连续挤压5下。若孩子仰卧，则跨在其大腿，两手十指互扣并翘起，手掌置于肚脐与心窝连线中心，快速向下向前推5下。重复上述步骤直到异物排出，并逐渐恢复呼吸。

如果反复施行海姆立克急救法依然无法排除卡喉异物，孩子将会因为气道阻塞缺氧而昏迷。若发现已没有心跳、呼吸等生命迹象，务必在等待120救援时先进行心肺复苏。

💔 不要让孩子单独在浴室玩耍，以免掉入浴缸内溺水。

💔 孩子玩水时一定要有成人陪伴左右，随时关注孩子的情况。

💔 不要放孩子到不安全的水域，玩水的场所要有合格的救生员。

预防窒息

💔 孩子尽量与成人分床，如果不得已新生儿与成人同床，要注意不要让棉被盖住孩子的口鼻，或是大人不小心压到孩子造成孩子骨折或窒息。

💔 不要让婴幼儿拿到薄塑料袋、拉链袋或大枕头套，以免套头后造成窒息。

💔 窗帘的拉绳孩子够不到，以免孩子不小心套住自己脖子造成窒息，窗栏、栏杆、折叠椅等不能让孩子头部探入，以免被夹住造成窒息。

安全选择玩具教战守则

💔 不足3岁的孩子不要玩过小的玩具（纽扣等），及有过小零件的玩具。

💔 让孩子玩玩具前检查玩具表面的涂料是否容易脱落，以免孩子吞食造成中毒。

💔 检查玩具的零件是否容易脱落或是折断，掉落的小配件，孩子可能因为好奇而吞食导致堵住气道。

💔 检查玩偶的缝线是否确实缝密，是否有脱线而露出内部填充物的情况。

💔 检查玩具的表面是否有锐利的边缘或尖角，以免割伤或是刺伤宝宝。

💔 若是孩子玩有绳索的玩具，绳索不可太长，以免缠绕脖子导致窒息。

第三招：婴幼儿意外急救法——跌倒、坠落及外伤（骨折、出血）

由于儿童对危险的认知不够，警觉性和反应能力比较差，但精力又比较充沛，好奇又好动，家又是婴幼儿活动的主要场所，所以家里婴幼儿发生坠落、外伤这类意外的主要场所之一。因此家长要好好检查家中的环境，排除危险因素，同时要了解孩子发生意外时的处理方法。

有出血的伤口紧急处理

1 清洁双手，避免病原菌感染伤口。

2 伤口消毒：轻微的创伤用生理盐水冲洗，消毒可以使用优碘，尽量不用碘酒或双氧水（会加剧伤口疼痛）。如果伤口很深、血流不止，止血还是第一要务，不要清洗伤口，直接送医院。若有血块凝结在伤口上不需要特别清理。

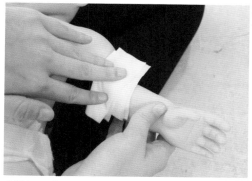

直接加压止血法。

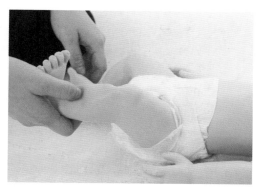

抬高出血部位止血法。

冷敷止血。

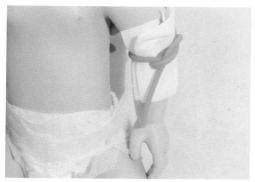

止血带止血法。

💙 止血法：直接加压止血法、抬高出血部位止血法、冷敷止血、止血带止血法（如上页图）。

💙 止血后覆盖，包扎清洁后的伤口。

跌撞伤的紧急处理

💙 R.I.C.E.：Rest（休息）、Ice（冰敷）、Compression（压迫）、Elevation（抬高）。

★冰敷：以塑料袋装冰块，外包毛巾敷在伤处，以15分钟为限。冰敷时间过久可能会造成患处表皮冻伤。受伤后，前3天冰敷，以消肿和止血为主，待红肿消失后再改为热敷来促进血液循环及组织修复。

💙 外表变形、红肿以及剧烈疼痛，要考虑骨折或脱臼。尽量不要挪动伤者，打急救电话，尽早送医。

💙 骨折时，第一时间保持患者静止，确定伤势后再固定和包扎；如果是开放性骨折要以干净敷料盖住伤口并施压止血，尽快送医院。

💙 如果有脱臼的情况，固定患处后立即送医院。

预防措施

❶ 家中楼梯及门口要设置安全闸门，同时不要让孩子在楼梯玩耍。

❷ 窗口和走道要有防止跌落的措施，例如让孩子无法将上半身探出窗外等。

❸ 楼梯间的地面保持干燥与整洁，并有充足的照明。

❹ 禁止孩子攀高、爬树。

❺ 禁止孩子边跑边进食，用餐就坐餐椅。

第四招：婴幼儿意外急救法——烧烫伤（火灾、高温烫烧、化学灼伤）

烧烫伤意外发生后，一定要镇定，谨记"冲、脱、泡、盖、送"的紧急处理原则。

冲冷水20~30分。

小心脱掉衣服，必要时用剪子剪掉衣服，不要弄破水泡。

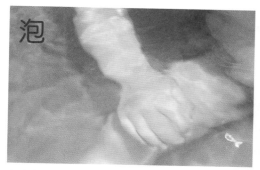

在冷水中泡10~30分钟。

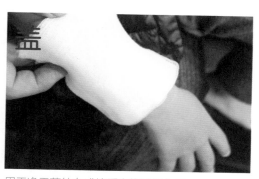

用干净无菌纱布或棉质衣物覆盖伤口。

拨打120，送医院。

热灼伤的紧急处理

💔 一二度烧烫伤用冷水冲泡来减轻疼痛。

💔 不可以使用酱油、油膏或是草药敷料，否则可能引发伤口感染，甚至出现溃烂。

💔 意识清醒时可喝水，若意识不清则不可给予任何饮品，以免呛到。

化学灼伤紧急处理

💔 第一步要大量用清水冲洗，来稀释腐蚀性化学药剂。

💔 强酸或是强碱的化学灼伤，绝对不可以用酸碱中和的原理给予其他化学药剂来中和，因为酸碱中和反而会释放大量的热能，造成二度伤害。

触电伤害的紧急处理

💔 立即关掉电源，并呼叫救护车或送医院。

💔 如果测不到心跳，进行心肺复苏术。

💔 有受伤者，不要随意移动身体。

预防措施

❶ 洗澡时应先放冷水，再放热水。

❷ 厨房门口最好装上安全闸门，告诉孩子厨房不是玩耍的地方，不能随意进出，尤其是在大人做饭的时候。

❸ 如果餐桌上铺着桌布，告诉孩子不要拉扯以免导致桌面的热饭菜掉落而烫到孩子。

❹ 危险的化学药剂品（强酸、强碱等）应装在有警告标示的瓶罐内，并放在孩子无法接触到的地方。

❺ 插座应该用塞子塞住，避免婴幼儿因为好奇将手指头伸进去，造成触电。

❻ 不能让婴幼儿拿电器插头、电线等当玩具玩耍。

❼ 告诉孩子不能靠近路边的电线杆及变压器。

➕ 第五招：婴幼儿意外急救法——中毒

孩子食入不明物品或饮入不明液体的紧急处理

- 🗨 给予清水或牛奶，稀释毒物，然后后催吐。
  - ★若是误食具有腐蚀性的化学剂品不可催吐，避免食管二次灼伤。
  - ★若患者意识不清，不可催吐，避免呛伤，造成吸入性肺炎。
- 🗨 立即送医院，并携带孩子服入的物品或液体至医院急诊，供医疗人员辨识。

预防措施

1. 有毒的物品（消毒液、清洁剂等）要装在有明确标示或是警告标志的容器内，千万不可用装食物的容器盛装，以避免误食。
2. 天然气和热水器打开时要打开窗户通风。
3. 电池要放在儿童无法触及之处，玩具内的电池也要确保锁好电池盖，避免孩子拿出电池吞食。
4. 药物务必放在孩子无法自行拿取的高处或是放在锁上的柜子里。

➕ 第六招：婴幼儿意外急救法——动物咬抓伤

动物咬抓伤的紧急处理

- 🗨 大量清水冲洗患处，以降低进入体内的病毒细菌量。
- 🗨 记录咬伤的动物品种，如果可轻易捕捉要将咬伤人的动物捉住，供医疗人员辨识。
- 🗨 如果伤口有大量出血，要先止血。
- 🗨 立即送医院。

预防措施

　　任何动物（野生或是家养）都可能随时翻脸不认人，不能让孩子随意抚摸、逗弄。即使是看似温驯的宠物，也可能突然咬人。

Part 3
饮食&作息篇

聪明健康吃，安心好好睡，
让宝贝身体壮壮的

家中聪明宝贝
这样健康吃

第一招：0~3岁宝宝这样健康吃

宝宝的饮食，从刚出生只喝奶，到体验辅食，并逐步进食与大人差不多的饮食，是需要爸妈付出耐心与不断尝试的漫长历程。此外，饮食习惯是奠定孩子日后身体状况的重要基础，家长的饮食习惯也在无形中塑造孩子的饮食态度。在这个章节中，我们分成0~3岁与3~7岁两个阶段，介绍孩子不同阶段的饮食重点。

首先0~3岁阶段，妈妈在喂奶问题上最想知道的母乳、配方奶的相关信息，以及辅食的添加原则，在接下来的章节中会详细描述。

A **不同时期的饮食重点：0~6个月 / 7~12个月 / 1~3岁**

宝宝自主进食

如果有一个育儿难题的投票，我相信小孩不乖乖吃饭会是妈妈投票最多的前三名之一。说"民以食为天"不假，宝宝吃太少、吃太多、吃太快、吃太慢……通通都是妈妈们讨论的热门话题。

年龄：0~6个月

饮食重点：这个阶段以母乳／配方奶为主，不需要额外添加营养品或水。因为母乳或配方奶的水分已经足够，如需补充水分，直接给予母乳或配方奶就可以了。

年龄：6~12个月

饮食重点：开始添加辅食。喂辅食要根据宝宝咀嚼吞咽能力的发展，遵循"液体→糊状→小颗粒→大颗粒"的原则渐进给予。

年龄：1岁以上

饮食重点：1岁以后是从以奶为主转移到以食物为主的阶段。根据牙齿生长的状况调整食物的粗细，训练宝宝咀嚼的能力。

　　基本上，0~6个月宝宝主要的营养来自母乳或配方奶，6个月大就要开始添加辅食了，并让宝宝练习咀嚼和吞咽能力。在接下来的章节，我将会仔细介绍母乳、配方奶、辅食等，让爸妈们了解怎么让宝贝吃得健康，身体壮实。

0 ~ 6 个月宝宝的第一餐：母乳

母奶是上帝给宝宝的第一份礼物，也是妈妈建立与宝宝亲密关系的第一个连结。在宝宝出生以后，妈妈就开始分泌催激素（泌乳激素），刺激乳房分泌乳汁。宝宝吸吮乳头的动作会刺激泌乳激素的分泌，进而增加乳汁的量。

母乳的好处

母乳的好处现在已广为人知，比如易于宝宝消化与吸收，可降低宝宝过敏的概率，能增加抵抗力……不论对喂母乳的妈妈还是喝母乳的宝宝都有许多好处。下面帮大家整理出母乳的好处，供大家参考。

宝宝吸吮乳头会刺激妈妈分泌泌乳激素。

母乳的好处

对妈妈的好处
① 宝宝吸吮乳头的动作会促进子宫收缩，减少产后大出血的风险。
② 抑制排卵，有天然的避孕效果。
③ 降低停经前乳腺癌的发生概率。
④ 增加身体额外热量消耗，有助于产后减肥。
⑤ 方便、经济实惠。

对宝宝的好处
① 提供宝宝均衡且好吸收的营养。
② 减少宝宝患病的概率。
③ 促进宝宝口腔的发育，吸吮动作会刺激宝宝的口腔和颊侧肌肉发育，降低将来牙齿不整齐的概率。

母乳的保存

刚出生的婴儿一天通常吃8~12次奶，再加上一开始不太熟悉吸吮的动作，有时候吃一次奶就耗掉半小时，甚至更长时间。这个时候最佳的带娃方式是"挂喂"，随时将宝宝带在身边，按需喂养，可以的话持续到2个月大。若是选择挤出来瓶喂，要注意母乳的保存。原则上室温下保存尽量不要超过4小时。若是打算储存起来供宝宝吃几天，则放置冰箱冷藏室不超过3天为佳。假如预定要储存更久，则直接放入冰箱冷冻室，3个月内要食用完毕。解冻后的母乳若是没有喝完，要倒掉，千万不可再冻回去。

原则上大部分妈妈都能分泌足够的乳汁给宝宝吃。但是有时候受限于时间与空间，毕竟充足的乳汁分泌有赖于频繁的挤奶次数和长时间的亲喂，特别是体质上泌乳较少的人，还可以选择人工喂养或混合喂养。所以不论选择哪一种喂养方式，以妈妈舒适，且负担得起为原则就好，不必给自己太大压力。

【母乳的保存期限】

室温：不超过4小时

冷藏：不超过3天

独立冷冻库：3个月

如何判断宝宝是否吃饱

宝宝不是天生就会吸吮，很多妈妈在宝宝刚出生的时候，喂母乳会感到受挫，但这时候母亲最好坚持亲喂，不放弃。如果有特殊原因，可以考虑初期先使用吸吮较不费力的瓶喂，特别是那些体重较轻的新生儿及早产儿，因为他们力气不够大。妈妈还是可以先亲喂，不足的话再用瓶喂补给宝宝。如此一来，一方面妈妈亲喂的压力比较轻，另一方面也不会饿着宝宝。

如何判断宝宝有是否吃饱

担心宝宝没有喝足奶量是许多妈妈的困扰，下面提供两点判断方法。

观察宝宝的排尿状况 → 一般出院回家以后（6天以上的婴儿），每次换纸尿裤时都是又湿又重，一天需要换纸尿裤10片以上，即可判断宝宝吃饱了。

观察宝宝体重成长 → 吃饱的情况下，宝宝的体重会稳定上升。

正确地含乳是关键，宝宝嘴巴张大，大口含住乳晕。当宝宝的吸吮动作变规律（约1秒一次）的同时听到"咕咚、咕咚"的吞咽声，表示宝宝喝到奶了。新生儿很容易吃几口母乳就睡着，所以在喂奶时要时不时轻拍宝宝、挠挠他的后脑勺或耳朵等来弄醒宝宝。

喂母乳的时机

❶ 产床上的肌肤接触

现在生完孩子以后，医护人员都会将新生的宝宝放在妈妈的旁边，这个动作可以让刚出生的新生儿放松，是宝宝与妈妈的第一次亲密接触。已经有很多证据显示，一出生立即让母子产生肌肤接触有助于增加母乳喂养的成功率。

❷ 母婴同室

宝宝在妈妈肚子里的时候，根本不需要自己费力吸母乳，所有的营养都是通过胎盘与脐带源源不绝地提供给胎宝宝。所以刚出生的新生儿不会吸吮，进食时间不固定是正常的。因此母乳喂养很重要的原则就是想吃就吃，不想吃就不吃。听起来很像废话，但是走过"母乳天堂路"的妈妈都知道这有多辛苦！为了做到这一点，母婴同室是很重要的。

一开始喂母乳的时候，因为宝宝还不太懂得正确的吸吮方式，所以挂在身上24小时都很常见。虽然很多文章都会说："宝宝吸奶超过40分钟，就不要再

继续喂，免得宝宝变得依赖乳头。"但是往往让宝宝吸了很久以后，一放下去不到半小时又哭了。这个过程常常会让新手妈妈崩溃。因此做好一直在身上挂着"一只"小儿的心理准备。家人的支持也非常重要。

母婴同室可以帮助新手妈妈尽快地找到自己最舒适的哺乳姿势。家人（特别是先生）的支持绝对是新手妈妈能够成功哺喂母乳不可缺少的条件！

❶ 卧姿

躺喂是很多妈妈可以轻松喂奶的姿势，也是应付半夜宝宝讨奶的必学姿势。采取卧姿哺乳的重点是用枕头或是哺乳枕在妈妈的头下、胸背以及两腿间给予支撑，因为哺乳的时候要用手肘撑起身体，这样妈妈会轻松一些。同时，还不会翻身的小婴儿也需要用毯子或小枕头固定角度。

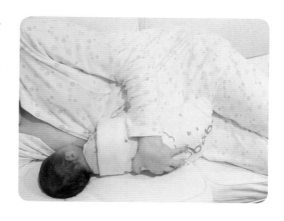

❷ 坐姿

采取坐姿哺乳最重要的是妈妈背部的支撑，还有妈妈在抱着宝宝哺乳时也要用枕头或是小毯子给宝宝额外的支撑。调整到一个舒适的姿势有利于避免妈妈背部酸痛。

摇篮式抱法

摇篮式抱法是最常见的抱法，宝宝的头枕在妈妈的手肘上，妈妈的前臂支撑着宝宝的身体。宝宝的肚子紧贴着妈妈的身体，一只手在妈妈的胸前而另一只穿过妈妈腋下。

橄榄球式抱法

橄榄球式抱法是剖宫产的妈妈适用的姿势，这样宝宝不会压到伤口。这种姿势因为如同打橄榄球时抱着球的姿势而得名。另外因为这个姿势宝宝的下巴会对着容易塞奶的乳房下侧，乳腺阻塞时建议使用这个抱姿。宝宝要用枕头或毯子垫高，妈妈用手臂撑住婴儿，以手腕和手掌托住婴儿的头，将宝宝整个人夹在自己的腋下。

刚出生的宝宝并不会正确含乳，所以新手妈妈在一开始要协助宝宝正确含乳（如下图）。妈妈哺乳时，可掌握下列四个顺利亲喂的重点。

❶ 新生儿的头和身体呈一条直线。
❷ 宝宝的嘴正对着妈妈的乳房，上嘴唇正对乳头。
❸ 母亲与新生儿的身体亲密接触。
❹ 需要托着新生儿头颈和肩膀以及臀部。待宝宝比较大了，他们已熟练吸吮，妈妈就不需要这么辛苦了。

新生儿的头和身体呈直线。

　　母乳含量最多的成分就是水，所以为宝宝大量的补充液体是母乳的第一要务。这也是为什么月子餐汤汤水水非常多的原因之一。另外，母乳的营养当中，脂肪很重要，因此哺乳期间不建议妈妈节食。哺乳的女性，平均一天会多增加500千卡（1千卡≈4.186千焦）的消耗量，所以想体重控制的妈妈不必刻意节食。而担心母乳营养不足的妈妈也不需要特别吃补品，均衡饮食并注重蛋白质的摄取就足以提供宝宝的营养需求了。如果想吃保健食品，补充综合维生素和矿物质即可。除非是吃全素的妈妈，因为没有奶蛋鱼肉类的饮食，会建议额外补充一点维生素B_{12}、钙和DHA。另外，卵磷脂有助于预防乳腺阻塞，也可以补充维生素B_{12}。

哺乳妈妈吃啥有讲究

**哺乳妈妈
多吃这些**

水：喂母乳的妈妈容易口渴，建议每天至少摄取2000毫升汤水，以增加身体水分，这样泌乳量自然增多。

豆浆：豆浆内含大豆卵磷脂与优质蛋白质，产后喝豆浆有助于帮助母亲的乳腺通畅。

鸡蛋：卵磷脂有助于乳化分解油脂，喂母乳的妈妈如果乳腺阻塞，可以吃一些富含卵磷脂的鸡蛋等食物。

**哺乳妈妈
少吃这些**

生食
生鱼片、半熟牛排等生食本身含有较多的细菌，又难以掌握其新鲜程度，可能对妈妈或宝宝的健康造成危害，建议哺乳妈妈吃的食物要煮熟再吃！

刺激性食物、饮品和香烟
含咖啡因的咖啡、茶、巧克力等饮品和食物，以及香烟中的尼古丁，会通过乳汁进到宝宝体内，使宝宝感到亢奋，进而影响宝宝情绪。若妈妈真的戒不掉，也必须限制自己"浅尝辄止"，选择低咖啡因咖啡，每天以200毫升为限。

医师·娘催奶血泪史

很多还没生孩子的准妈妈都以为母乳既然是上帝给小宝宝的，应该就像水龙头那样打开就流，喝饱就关，乳房俨然是上帝所应许的流着奶与蜜之地。但是事情不是我们想的那么简单，要到达应许之地所做的努力堪比摩西带领会众在荒野中流浪40年。40年！当年第一胎时我雄心壮志，因为怀孕时胸部大了快3个罩杯（张医师表示好幸福），这给了我无比信心，以为自己会跟牛奶广告一样"好像家里养了一头奶牛"。结果第一个晚上亲喂，我儿不知道是在肚子里被养太好（出生4080克），还是出生以后要断粮，饿到不行，发狠猛吸，又不太会吸，痛到我整个人冒冷汗。

从此婴儿室的来电跟恐怖电影里的鬼来电差不多，铃声响起都会不自觉奶头一紧。"妈妈，宝宝好像饿了噢"更有招魂的效果，我听到这一句都会被吓到失魂。尤其是半夜亲喂，听着张医师的打呼声，真的很想拿晒衣夹夹他的奶头，然后再用力扯下来重复做一百遍，一百遍！

坐月子期间，虽然已经练就铁奶头，不怕吸了，可是不知道为什么我就是完全无法忍受亲喂的触感，同时为了将来产假结束上班做准备，我选择大部分都是挤出来瓶喂。为了奶量，每天设定闹钟半夜四点爬起来挤奶，当时又是冬天，每夜我怕闹钟太吵，吵到老公，都是闹铃一响就瞬间爬起来按掉，再蹑手蹑脚地去厨房开小灯挤奶。实在冷到爆，奶都要缩回去了。所以之后的第二胎第三胎我就不管这么多，直接在床畔放

挤奶器半夜起来挤奶。即使如此，我的奶依然不是源源不断，最多也勉强够宝宝喝而已。而且是要一天挤6次、每次40～60分钟的频率才够宝宝喝！所以上班以后，我就很快地自然回奶了。

中间当然试过各式各样的催奶秘方，从吃的、揉的、内服外用，只要有妈妈分享"有效"我都全部尝试一遍，也跟隔壁的"人妻部落"互相交换心得，还悲惨地经历过一次乳腺炎（奶少还给我塞住、发炎，有没有良心啊）。这"母乳的天堂路"我走了三回，我想跟各位即将或是正在这条路上的妈妈喊话："即使没有纯母乳，你还是一位好妈妈！"

母乳的好大家都知道，但是如果为了拼纯母乳，让自己非常不开心，甚至影响健康，我觉得就本末倒置了！宝宝的成长需要快乐的妈妈陪伴，而妈妈要快乐，受影响的因素就多了，身体的舒适程度、周围的支持、自我实现的愉悦……不论决定纯母乳、混合喂养还是人工喂养，如果是经过深思熟虑后的决定，都不该被批评。

到现在我依然怀念孩子们刚出生时亲喂的那一段亲密时光，但是我也很清楚地知道，如果我要全母乳，必须放弃我的职业、学业（第一胎、第二胎时在念硕士，第三胎时在念博士）、教职（我在大学的厕所挤过一次奶之后就觉得这是个烂选项，所以下一次就选择在地铁站厕所……至少外面的风不会灌进来），而我没有信心保证将来不会因此埋怨孩子们，所以两项权衡之下，我选择了自然回奶这一条路。只能说无奶人唯一的好处就是回奶不烦心，只要停止那些疯狂地催奶行为，我还是按时挤奶一天5次，就莫名其妙地减产到没母乳了。

所以看这本书的各位爸爸，当你的另一半为了母乳腰酸背痛、睡眠不足也不让你碰她的奶的时候，请用力地支持她们吧！如果她们跟我一样，是"无奶人"，不论她决定贴身作战24小时亲喂拼下去，还是向身体妥协选择配方奶，都请你们先别急着批评她们的选择，好好地倾听、肯定她们的努力与付出后再理性地讨论吧！

妈妈的另一种选择：配方奶

面对琳琅满目的各种配方奶品牌和产品，到底该如何选择适合自己宝宝的优质配方奶？其实一点都不困难。所有合格厂商都会在产品上标示"婴儿配方奶"，必须在各类营养都达到国际规定的标准值才行。其中蛋白质、碳水化合物、脂肪、矿物质的含量都有标准。一般来说，要有占总热量40%～50%的碳水化合物、40%～50%的脂肪、8%～12%的蛋白质以及矿物质与维生素。

成分	分析
碳水化合物	• 占总热量之40%～50% • 以乳糖为主 • 另外，有糖聚合物的特殊配方奶（如早产儿配方或是无乳糖配方等）
脂肪	• 占总热量之40%～50% • 需含必需脂肪酸，否则会造成必需脂肪酸缺乏，引起皮肤炎、秃头或血小板低下等 • 添加长链多元不饱和脂肪酸（花生四烯酸、DHA等），它们对视力与神经发育有帮助。母乳当中都有这些成分，所以配方奶会额外添加，但是实际的效益还没有确切结论 • 花生四烯酸、DHA也会由亚麻酸转化而来，但刚出生的婴儿此能力较弱，随着年龄成长渐次增强 • 母乳当中的棕榈酸（PA）大多数位于sn-2的位置，而大部分配方奶位于sn-1和sn-3（母乳和婴儿配方奶中的饱和脂肪酸和不饱和脂肪酸是连在三叉形的甘油基上，每个甘油基连三个脂肪酸，称作sn-1位、sn-2位和sn-3位）。有些厂商使用位于sn-2的棕榈酸配方，目的是降低宝宝胀气或是便秘等肠胃不适的状况
蛋白质	• 占总热量之8%～12%，每100毫升的奶含蛋白质1.2～1.4克 • 主要为乳清蛋白与酪蛋白 • 为了降低配方奶当中蛋白质的抗原性，将蛋白质经过特殊处理，有部分水解蛋白质以及完全水解蛋白质的配方，目前建议适用于已确定对配方奶过敏的孩童，但对于过敏体质（气喘、过敏性鼻炎等）的预防效果尚未有一致性的结论
矿物质	• **钙、磷**：为骨骼发育的重要矿物质，单靠钙是不够的，钙磷比例需介于1.2～2：1 • **铁**：制造红血球的重要原料，母乳当中的铁含量低于配方奶，但是吸收好。因此纯母乳的幼儿需满6个月开始吃辅食以预防婴幼儿缺铁性贫血 • 其他还有钠、钾、氯、锌、硒等

成分	分析
维生素	• **维生素A：**可由胡萝卜素转化而来，是保护皮肤、眼睛、牙齿以及黏膜的重要营养素 • **B族维生素：**包括维生素B_1、维生素B_2、烟酸、泛酸、维生素B_6、生物素、叶酸、维生素B_{12}，作用广泛，包括保护神经、制造红细胞、新陈代谢调节与组织修复等，当中维生素B_{12}主要来源为肉类，因此素食者容易缺乏，吃全素的孩子需要特别注意 • **维生素C：**促进铁吸收，调节免疫功能，维持牙龈和骨骼健康 • **维生素D：**与骨骼成长相关，影响钙磷吸收与利用的重要辅助因子，缺乏者会出现佝偻病，主要症状为长骨的生长障碍与畸形，早期症状为颅骨软化，即患者的颅骨异常变软 • 其他还有维生素E、维生素K等
额外添加物	• 有些婴儿配方奶会标榜加入一些营养补充成分，例如核苷酸（nucleotides）、牛磺酸（taurine）、益生菌、寡糖等，但是这些添加物宣称的益处目前都还没有确切的实证

请问医师，给宝宝喝配方奶时，能够每天交叉替换不同品牌但同样年龄层的配方奶吗？

A 一般不建议这样做，因为不同厂商的配方奶成分略有不同。宝宝的肠胃还没有发育成熟，频繁地更换不同的配方奶会让宝宝肠胃无法适应。要更换不同品牌的配方奶，最好用渐进式的方式进行。先每餐添一些新品牌配方奶，观察无异常逐渐加新品牌奶品的量。

特殊配方奶

❶ 早产儿配方奶

早产儿需要的热量比一般足月儿高，因此早产儿配方奶的单位热量较一般婴儿配方奶更高。即便用母乳库的母乳喂养早产儿，也会添加母乳添加剂，目的就是要增加宝宝摄取热量。早产儿营养成分里面蛋白质与不饱和脂肪酸较高，铁、钙与磷也较高。通常早产儿体重长至1800～2000千克就能转换到一般婴儿配方奶。

❷ 部分水解蛋白配方奶、完全水解蛋白配方奶

一般婴儿配方奶的蛋白质为牛奶蛋白，其蛋白质与母乳当中的蛋白质结构形状不同，一些过敏体质的婴幼儿可能会表现出过敏反应，因此建议选择部分水解蛋白配方奶。更甚者如严重牛奶过敏、严重腹泻、消化不良的婴儿，则建议挑选分子量最小的完全水解蛋白配方奶。

所谓水解是将配方奶中蛋白质做部分处理，使其抗原性降低，预期能降低宝宝产生过敏体质的概率。完全水解蛋白配方奶消化、吸收较为容易。

❸ 无乳糖配方奶

顾名思义，就是不含有乳糖的配方奶，其糖分来源多为蔗糖。依蛋白质来源可分为以牛奶为基质与以豆奶为基质两种，主要适用于乳糖不耐受或是腹泻宝宝。

❹ 其他

另外还有一些罕见疾病或是重大疾病使用的特殊配方奶，例如不饱和脂肪酸配方奶等，需要由医师开处方。

❤ 将水煮沸后冷却至配方奶说明书上标注的温度备用（可使用温奶器或热水瓶维持水温），或是以沸水加上凉白开调制。

❤ 先将预定奶量的水倒入干净奶瓶中，例如想要泡120毫升的奶就直接倒入120毫升的水。

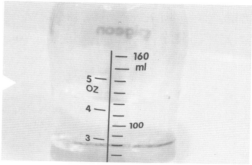

❤ 根据配方奶包装的标示，使用配方奶罐内附的勺子舀适量的配方奶倒入奶瓶中。通常各品牌的配方奶罐都有方便刮平设计，可以让每勺的量固定，不会影响泡出来的浓度。

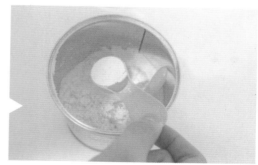

❤ 使配方奶与水均匀混合。

如果觉得泡好的奶太烫，可以将奶瓶放置在水龙头底下用凉水冲，或是以另一个容器装凉水浸泡，注意不要碰到奶嘴部分。反过来若是奶水过凉，就以容器装热水将奶瓶整个浸泡进去。一段时间后，把奶瓶移出，然后滴几滴奶至手腕内侧测试温度。冲好的奶在室温下超过2小时就不建议给宝宝喝了，若是宝宝喝过了，则超过1小时就不建议再食用。

医师·娘碎碎念

身边有些朋友的朋友是"贵妇级妈妈"，不但对配方奶非常挑剔，连冲配方奶的水也强调要用是某些高级的矿泉水。但是其实配方奶粉该有的营养成分都已经调和在里面，若是使用含有太多矿物质的矿泉水冲配方奶粉，反而破坏其配方。营养成分并不是越多越好，以钙为例，过多的钙身体无法利用，就必须通过肾脏排出，这样反而增加宝宝的肾脏负担，甚至还发生过因为给宝宝过度补充钙导致肾结石的案例。所以不需要特别使用什么高级矿泉水，用干净煮沸过后的自来水冲配方奶就是最好的！

在我停母乳之后，除了我自己能享受海阔天空之外，另一个对我来说心情更愉悦的点是，我不再纠结宝宝有没有把奶喝光。因为我的奶量非常少，瓶中奶"滴滴皆辛苦"，宝宝要是没有喝完我都会忍不住对他生气。改为人工喂养之后心境豁然开阔了：就算冲150毫升剩下70毫升我都还可以微笑以对。

写这篇文章的前几天，好友陈菁徽医师遇到保姆空窗期，必须自己带小孩，只不过连续两餐剩30毫升奶，她就紧张地打给我电话说："怎么办？我孩子是不是厌食症？！"我都可以一派轻松地说：没关系，谁没有食欲不振的时候呢？他熟悉的保姆刚离开，吃得比较差也合理，再多看两天吧。宝宝吃多吃少，只要他们的体重在稳定成长，发育没有迟缓，活动力跟精神状态正常，就不需要担心。我能如此淡定，也都是被张医师训练出来的，他的口头禅就是"没关系"。从我家老大到老三，现在我已经进化到"孩子在呼吸就好"的境界（笑）。

C 正确喂宝宝吃辅食——辅食的种类与挑选原则

6个月大（满180天）的宝宝可以开始添加辅食。每一个宝宝的口味喜好和胃口都不尽相同，我自己三个孩子添加辅食遇到的情况都不一样。

很多家长在宝宝从喝奶转换成吃东西的这段时间，会因为体重增加得不明显而焦虑。其实只要宝宝的发育正常，会玩会哭，也没有脱水的现象，就不必担心。

添加辅食的时候，有几个要点供大家参考。

🐛 根据宝宝咀嚼吞咽能力的发展，由液体→糊状→小颗粒→大颗粒的顺序循序渐进地添加。

🐛 一开始尝试辅食时，以单一食材开始尝试，例如菜泥、果泥等，这样有利于观察宝宝是否对某种食材过敏。

🐛 目前较新的证据显示，宝宝适时多样化地接触各种食材，即使是坚果或是牛奶等易致敏原，对将来降低宝宝产生过敏体质都是正向的。

🐛 咀嚼进食是需要练习的，也比喝奶费力，因此大部分宝宝都懒得"吃"东西，刚开始添加辅食时最好在宝宝固定喝奶时间之前（饿的时候）喂辅食，再给奶。

🐛 1岁之前的宝宝，因为免疫力还没有发育完全，绝对不能给予生食（除水果外），如生鱼片、生菜沙拉等。而蜂蜜当中可能会有肉毒杆菌，如果1岁以内宝宝不慎食入，可能会造成生命危险，所以1岁以前蜂蜜是绝对禁止食用的！

🐛 处理水果，时要注意确保清洗的水源跟处理水果的器具都是干净的。

第二招：3～7岁孩子这样健康吃

3～7岁的儿童进食的食物种类基本上接近成人，对孩子吃饭问题，许多爸妈最头痛的不外乎是孩子挑食、爱吃糖、体重过重，或是为如何让孩子好好坐着吃完饭烦恼不已。关于这些问题，在接下来的内容中会一一介绍。

A 孩子的均衡饮食原则

相信很多爸妈最头痛的就是孩子挑食的问题，3～7岁的孩子自主意识越来越强烈，常常直接从碗里挑出讨厌的青豆，青菜碰不都碰，甚至看到讨厌的食物就大叫好臭！爸妈们最烦恼的就是"到底该如何帮宝宝准备健康又营养均衡的食物""该不该给孩子吃糖"……在此提供两项饮食原则给各位。

均衡吃，健康长

孩子的乳牙大约在2.5岁长齐，负责研磨功能的磨齿长出来以后，小朋友可以吃的食物跟大人差不多。除了过硬、过油、口味过重、辛辣之物不适合以外，可以让他们尝试尽可能多的食材。1.5岁以上就可以使用调味料，当然还是以清淡为原则。营养成分均衡最重要，全谷类、鱼肉蛋类、乳类、油脂、坚果类与蔬果类都要摄取到才是最好的。

不给糖，就捣蛋

喜爱甜食是孩子的天性，现代因为精炼糖的技术进步，我们可以轻易获得糖，应运而生的就是各式各样的糖果、蛋糕、饼干、冰激凌、含糖饮料等。我们脑部组织能够利用的热量来源只有葡萄糖，进食这些高糖分的食物时，大部分吸收进身体的糖分都会转化回脂肪储存。

这些精致的糖因为会让血中糖分快速上升，对胰腺造成很大负担，长期坚持这种饮食方式，会增高成年后糖尿病发生的风险。除了广为人知的龋齿之外，糖分潜在的危害还有过多的热量摄取。尤其是含糖饮料，"咕嘟咕嘟"地喝下一大杯全糖珍珠奶茶，里面的热量就足以抵上一顿正餐，长期下来孩子不变胖都难！有些孩子吃了甜食或是喝了饮料就饱了，结果就是营养摄取不均衡。这些都是糖带来的坏处。不过倒也不必视糖如仇，适度给孩子一些糖，但要注意摄取方式和数量，可以让他们愉快地拥有甜蜜的童年！

很多长辈很喜欢用饼干、糖果来逗孩子。时常也会听到妈妈抱怨，辛辛苦苦地控制孩子不吃甜食，结果一下子就破功。因为拿糖果饼干吸引孩子是最方便快速赢得孩子喜爱的方式，也就成为最受长辈欢迎的哄孩子方式。对付这种状况，要知己知彼。首先必须先认同长辈想获得孙子喜爱的心情，产生同理心之后长辈才比较听得进去你说的话。接下来可以为长辈提供一些替代方案来获得孙子的心，例如陪伴他们玩耍或是主动准备一些低糖低油的健康零食给长辈来疼孙子。

B 让孩子无法抗拒的不挑食妙招

对付孩子挑食的情况，我的绝招就是"多色彩与变化，增加孩子食欲"。食欲与视觉和嗅觉有关系，缤纷的色彩往往诱发食欲，对孩子来说当然也是如此。很多日本妈妈在准备孩子的三餐时都强调色彩的配置，红、黄、绿、白、黑，各种色彩都出现在孩子餐盒里。

研究发现，往往颜色越深的食物所含的营养素更丰富，所以像是蔬菜类，一天至少要吃一种深色蔬菜比较好。另外可爱的造型也能增强孩子对食物的兴趣，比如用豌豆排成可爱的形状，将苹果削成可爱的兔子形等，都能让孩子发觉进食的乐趣，也是"食育"当中很重要的一环。

医师·娘碎碎念

常常在用手机上网的时候看到网络上很多妈妈分享自己做的各式各样花式便当，已经美出新境界了。但是身为职业女性的我，如果也要把孩子的食物做得这么精美，只能逼死自己。所幸现在很多辅助的工具，例如将白饭捏成可爱形状的模型、把面包片压出卡通图案的道具等。另外，如果做不出精美的造型，至少颜色上面要让人赏心悦目。

对于一些容易氧化的蔬果，如苹果、山药等，建议大家在切开以后泡入凉白开、盐水中或是滴几滴柠檬汁，可以防止食物因为接触空气氧化出现颜色变化！此外，叶菜要保持爽脆鲜绿，烫过或是切开后赶快浸入冰水，就能够维持美丽的色泽跟新鲜的口感。

C 遵守餐桌规矩，养成良好的进餐习惯

　　人们在进食以后，血糖上升，会传信号刺激脑部的饱食中枢产生饱腹感而降低食欲。这个反应过程有20~30分钟，因此孩子若是吃饭时间太久，他就感觉不到饿了，此时继续强迫他吃，只会让他对"吃饭"产生负面情绪，孩子会越来越讨厌吃饭这件事情。如果希望孩子吃饭不拖拖拉拉，养成良好的用餐习惯很重要！

　　当孩子坐得住，会用手抓着食物进食时，就可以培养他养成良好的用餐习惯了。每一餐进食前，把玩具收好，围兜系好，让孩子知道这是准备要吃饭了。吃饭的时候尽量不要看电视或是电子产品，否则会让孩子的注意力涣散。

　　此外，爸妈可以在一个固定的时间陪孩子用餐（通常是订30~40分钟），超过时间还没吃完，确定孩子不饿了，就收拾。餐与餐中间的零食尽可能少，免得他们光吃零食就吃饱了。

准备吃饭

让孩子知道要准备吃饭了。

洗好手，准备吃饭啦。

专注吃饭

吃饭时尽量不要开电视，也不要玩电子产品。

用餐时间

和孩子商量好用餐时间。

我孩子大约1岁以后就开始让他们练习自主进食，这是一个漫长而痛苦的过程。爸妈要有超强大的内心以及对脏乱的高容忍度。我通常就采取"眼不见为净"的策略，时间差不多再过去"关怀"一下。

说到喂食这件事情，几乎所有妈妈都在意孩子吃多吃少、吃得好不好。从我家三个孩子观察来看，自主进食的天分真的差异很大。有的孩子爱吃，有的孩子厌食，也有的不但挑食，还偏食。其实只要配合孩子的体格、体质和适度调整烹调技巧确保孩子均衡摄取到各种营养，他们都能长得很健康。如果孩子真的很讨厌某种食物（不是某"类"食物），避开就好了。像我自己就是完全不碰芦笋，但是我喜欢吃青菜，也不会因为不吃芦笋而营养不良！妈妈不必为了孩子不吃某一种食物让亲子关系变得很紧张。

D 改善孩子肥胖的饮食方法

"小时候胖不是胖"是许多长辈常常挂在嘴上的话，但是这句话适用的范围大概只到孩子1岁为止。若家中小孩体重过重，建议先从改变生活习惯做起，爸妈在饮食和运动两方面都要同时进行，帮孩子养成健康良好的生活习惯。

家有体重过重儿

肥胖不再只是成人的"专利"了，根据这几年研究报告，幼年肥胖者，成年后肥胖且合并"三高"的比例较非幼年肥胖者高得多。胖小孩不再是福态与喜气的象征，而是疾病的代表。另外，高脂肪饮食也容易刺激性激素分泌，过胖的孩子更容易出现性早熟。性早熟除了容易让孩子长不高以外，过早的第二性征发育也会给孩子的心理造成不良影响。在孩子还没准备好的状态下，可能会面临同学戏弄，甚至性暗示的问题，这对孩子将来人际发展以及两性关系都不是好的影响。

1岁以后，总热量的摄取就要控制了。现在网络上有很多资料可查孩子是否已经过重或是肥胖。

幼儿过重判定曲线（0~5岁适用）

爸爸妈妈可利用下图，看看宝贝的身高、体重落在图中的哪个区块，以判定孩子是否有过胖或过瘦的趋势。

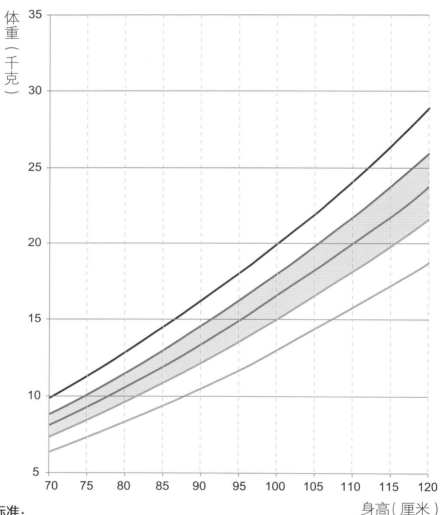

判定标准：

- 在紫线███以上：过胖。
- 在红线███到紫线███之间：有过胖的趋势，要注意。
- 在绿线███到红线███之间（粉色区块 ███）：正常。
- 在绿线███以下：有过瘦的趋势，要注意。
- 在橘线███以下：过瘦。

儿童生长曲线

各位爸妈是否按照生长曲线图，定期替宝宝做生长记录呢？儿童生长曲线分为男孩与女孩两种，身高（身长）、体重与头围三部分。请将对应的年纪（纵轴）与横轴连在一起，两条线的交会点就代表宝宝目前身长的生长曲线百分比。

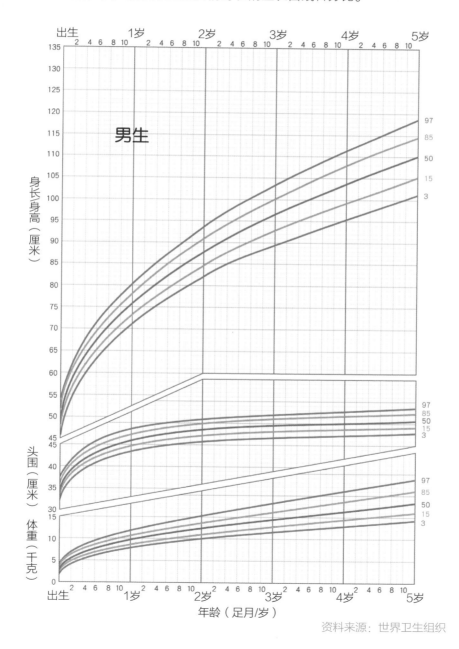

资料来源：世界卫生组织

191

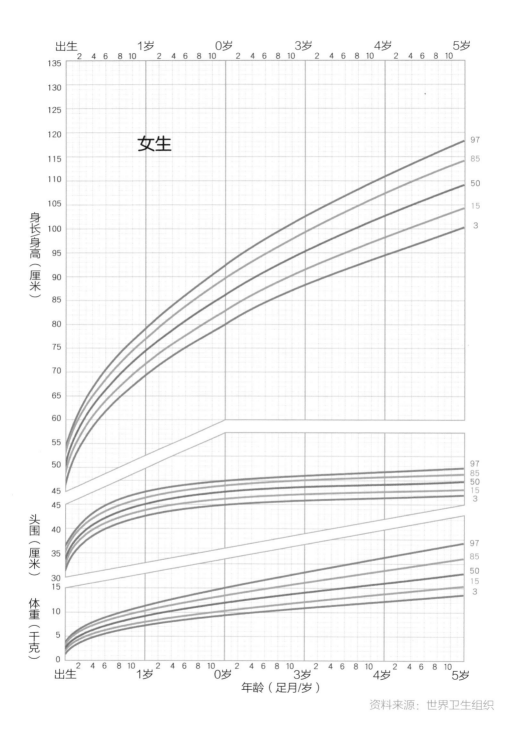

资料来源：世界卫生组织

备注：检测结果仅供参考，如有这方面的疑问，请咨询儿科医师。

要打破"幼儿肥胖—学童肥胖—成人肥胖"的恶性循环，一定要养成良好的生活习惯。

1. 不偏食。

2. 少喝或不喝含糖饮料。

3. 一定要吃早餐。

4. 不要养成吃宵夜的习惯。

5. 以清淡调味以及原味食物为主。

6. 养成运动习惯。

在以上所有的点中，不吃早餐、吃宵夜以及缺乏运动的习惯有高度的共性，晚睡晚起的人，往往不喜欢运动，而晚起也容易让人省掉早餐。详细分析原因会发现，孩子晚睡晚起通常是为了配合大人的作息，而晚睡也导致吃宵夜的比例增加。不喜欢运动与肥胖常常互为因果关系，因为身体因素，过胖的孩子在游戏或是体育竞赛项目当中获得好成绩非常不容易，而挫败感以及缺乏成就感，会让孩子更排斥运动。

日本NHK（一家日本的广播公司）曾报道过，在福岛核辐射发生以后，为了避免孩子受到过多的辐射暴露，有一段时间禁止孩童在室外玩耍，结果福岛地区孩子肥胖比例明显增加。由此可见，生活方式对肥胖的影响至关重要！

医师·娘碎碎念

城市的孩子虽然教学资源丰富，可是活动的空间却大大受限，尤其现在社会越来越复杂，我根本不放心孩子放学以后自己去家里附近的公园玩耍。因此，在选择幼儿园的时候，我就特别注重活动空间。另外孩子课余时间的活动安排也以体育活动为主，如球类运动、游泳、轮滑……最棒的是，张医师很注重运动，我可以光明正大地买一堆运动类玩具叫他带小孩去玩（因为我是运动白痴，连丢球给小孩接都丢不好）。最近，我最大的心愿就是可以带孩子去滑雪，希望孩子们都能爱上滑雪，这样为母就有很好的理由每年去滑雪了！

家中宝贝这样安心好好睡

 第一招：0~3岁宝宝这样乖乖睡

A 关于睡，此时你可能会有这些困扰

　　家中有了新生儿后，新手爸妈最苦恼的就是孩子睡眠时间不固定或难以睡整宿觉。宝宝睡眠时间和质量不仅关乎宝宝自身成长发育，也影响一家人的睡眠质量。下表为各年龄层宝宝所需睡眠时间。

年龄	需要的睡眠时间
0~3个月	14~20小时（动眼期占50%以上，一个睡眠周期约50分钟）
4~6个月	13~16小时（生理时钟开始建立）
7~11个月	11~14小时（可开始尝试戒夜奶和建立规律的睡眠模式）
1~3岁	11~12小时（形成睡前仪式）
3~5岁	10~11小时

　　从表格中，我们可以看出随年龄增长，孩子一天中所需的睡眠时间逐渐缩短，并趋于固定。表格中提到的"动眼期""睡眠周期""睡前仪式"等名词，在接下来的章节中会详细叙述。

父母与孩子该同床还是分床

当孩子出生，夫妻间多了这个"小三"以后，睡觉的问题随之而来。到底要跟孩子一起睡，还是分床比较好呢？全世界相关的研究不少，但是不同的研究者研究的重点不同：担心婴儿猝死的表示同床可能增加猝死概率，母乳提倡者认为母婴同床能提高母乳喂养成功率……真是"公说公有理，婆说婆有理"。但是如果我们在纠结中把风俗习惯与历史文化纳入考虑范围再来看这个问题的时候，就会发现一件事情：妈妈好，宝宝就好。因为不论是婴儿猝死，还是母乳喂养成功与否，都不是可以用"是否与妈妈同床"单一因素来解释的。为何没提到爸爸？因为研究者发现，爸爸与宝宝同床不如妈妈警惕性强，翻身压扁宝宝的风险比较高。

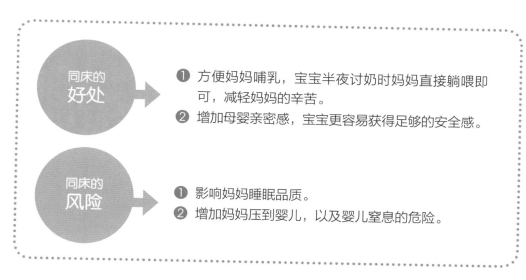

同床的好处

❶ 方便妈妈哺乳，宝宝半夜讨奶时妈妈直接躺喂即可，减轻妈妈的辛苦。

❷ 增加母婴亲密感，宝宝更容易获得足够的安全感。

同床的风险

❶ 影响妈妈睡眠品质。

❷ 增加妈妈压到婴儿，以及婴儿窒息的危险。

另外，母婴同床时，床铺的软硬也有讲究。床上放过多不必要的玩偶、抱枕与过厚的棉被，都会增加婴儿猝死或是窒息的风险。市面上有很多床中床，可以在与宝宝同睡时使用，以为宝宝提供合适软硬度的床以及提高母婴同床的安全性。

所以，这个问题的结论是，并没有绝对好或不好。想尝试同床的妈妈当然鼓励，前提是选择对宝宝

床中床。

安全的睡眠环境：床铺软硬适宜以及床上不放太多杂物；还有妈妈本身的状况也很重要，不可服用安眠药物或是酒精入眠等。选择不同床的妈妈也不用觉得失职，因为宝宝照顾品质最重要的还是根据妈妈自身的情况，睡眠充足、精神佳、心情愉快的母亲绝对胜过为了同床而睡眠不足的母亲。而另一半的支持也同样重要，尊重妻子的选择，互相扶持，共同创造孩子安全愉悦的成长环境，就是对宝宝最好的爱。

医师·娘碎碎念

我自己本人是睡眠很浅的人，以前在医院实习值班的时候，与好友陈菁徽一起值班非常痛苦。因为她是外科系医师体质，一躺下来三秒内睡着，而我则是辗转难眠。所以她的手机响，我醒，我的手机响，还是我醒。一个晚上负责接听两个人的手机，从此我拒绝跟她住同一间值班室。

当年生老大时我母爱爆棚，真的是"含在嘴里怕化了，捧在手里怕摔了"，恨不得24小时陪伴左右。但是尝试过同床一天之后就决定放弃，因为我一直担心睡着以后翻身压到他，整夜战战兢兢、夜不成眠。关于这一点，男人真的"大度"多了；小孩踢被几近全裸、大车轮翻滚，除非踩到他"鸡鸡"，否则他毫无反应（但是很神奇的，医院的公务手机一响，他就能秒醒）。

曾遇过朋友问我，与孩子同睡到两年多了，她真的很想再生一个，但是孩子在身边怎么跟老公这个那个呢？后来我也忘记她是怎么那个成功顺利怀第二胎的。总之就是，孩子睡觉这档事啊，真的是妈妈爽，一家爽。而且孩子的脾性不同，有的同睡就变得很黏人（像我朋友差点让老公守活寡），也有的一训练自己睡一天就成功（结果父母因此连生了三胎，我不会说就是我）。和孩儿一起睡能睡多久，十八年吗？！他们进入青春期以后不要说同睡了，可能连同样出现在一个场合都觉得在互相排斥！人生还很长，就不要纠结这点小小的房事了。

196

B 如何正确哄宝宝入睡

请各位回想自己小时候，每天晚上被爸妈勒令上床睡觉时是不是感到些许的无奈、遗憾、不甘心？中学时因为念书的关系第一次被允许熬夜，内心还有点儿小激动呢！如何让孩子乖乖上床，安稳睡着是每个爸妈人生的课题。

美国睡眠医学会对已经有失眠问题的孩子行为治疗的证据进行了系统性的文献回顾，认为较有效果的介入策略包括下面几方面。

建立固定的入睡时间，孩子入睡时父母不要在场以及介入太多

CIO（Cry It Out，哭也不管）是训练孩子自行入睡的一种方式。方法很简单，就是入睡时间到了，经过睡前仪式之后，让孩子独自在自己的房间，即使孩子再怎么哭闹，家长也不要进去哄睡或喂奶。这个方式有争议性，例如有的孩子会哭到吐，或是担心孩子会因此产生心理创伤等。所以也有调整过后的做法，就是家长定时看一下孩子，确保他安全（例如没有哭到呕吐、呛到等）。除了帮宝宝养成自行入睡的习惯之外，也能降低孩子拒绝睡觉时产生的不良行为（例如大哭大闹、摔东西）。

孩子是具有学习力的，当他们发现哭闹行为无法吸引爸妈来哄他们时，他们会发展出"自我舒缓"的技巧。不过这种方式不建议使用在3岁以下的孩子身上。这个方式最重要的就是家长要有决心与毅力，坚持只探望孩子安全与否，不可一哭就抱起来哄或喂奶。

值得注意，这是一种非常有争议的方法。对孩子养成按时睡觉的确有作用，但是否会对孩子心理产生负面影响以及负面影响有多严重，还没有足够的临床证据。

建立睡前仪式，创造"入睡＝快乐"的氛围

1岁以上的孩子已经要建立良好的睡前仪式，也就是习惯的建立。举例来说，每晚进行例行睡前动作，像是换睡衣、刷牙、念故事书、亲吻抱抱，然后熄灯睡觉，让孩子知道睡觉的时间到了。每天固定时间执行这些动作，就可以慢慢地建构专属于他的睡前仪式。

人类是习惯的动物，就类似巴甫洛夫著名的狗试验一样，创造良好且快乐的睡前仪式有助于孩子对"去床上睡觉"持正面的态度，同时产生制约反应。通常一个好的睡前仪式需要具备这些特点。

💔 不超过半小时，最好做完的时候孩子还清醒，但有睡意。

💔 每次都一模一样的仪式，顺序一致，内容也一致。

③ 每天都进行睡前仪式。

④ 进行的活动要越来越靠近床铺：（浴室）刷牙洗脸→（房间）换睡衣→（床上）听儿歌／故事。

有些孩子需要奶睡，这也没有什么特别的坏处，但要注意孩子的口腔健康问题。奶睡，孩子可能会因此得出"奶＝睡眠"的结论，所以如果奶睡的孩子半夜醒来，往往也都是再喝奶或是抱着妈妈（亲喂的孩子）才能顺利再次入睡。因此奶睡这个行为到底需要戒除还是可以维持，全看家长是否觉得这是一个困扰。例如想生第二或第三胎的爸爸妈妈可能就会觉得有点儿困扰。建立睡前仪式的时候，喂奶就最好不要是入睡前的最后一项活动。待孩子慢慢大了，可自行入睡以后自然奶睡就会戒除了。最重要的还是，注意口腔健康！

医师·娘碎碎念

叫孩子去睡觉就像叫男人不要看电视、玩手机、打游戏一样，是属于一种违反人性的行为，因为孩子就是"我的玩心就像一头野兽，会伤害身边的人"。可是上帝曾说过"凡事都能做，但不都有益处"，当妈的为了让孩子将来能得诺贝尔奖而不是跟他们老爸一样只拿到大学文凭，必须想办法让他们乖乖上床睡觉去。

我跟我嫂子都会先给孩子提示"再过×分钟就要准备去睡觉了！"让孩子有心理准备，同时引导他们自己收玩具。宣布他们要就寝时，我们家会进行睡前仪式：①上厕所。②刷牙洗脸。③换睡衣。④睡前娱乐（讲故事、听音乐或是与爷爷奶奶视频），最后跟孩子们道晚安以后熄灯。如果不肯睡，听到有说闹声，就会以第二天的睡前娱乐多寡为筹码与孩子谈判。

但是如果出游，通常孩子会太过兴奋而难以入眠，尤其有其他玩伴同时在，入睡更困难。这时候只能全体大人进入假寐状态：房间关灯、安静，用身体压制孩子让他们躺着不动。对于3岁以下的孩子，因为他们表达与理解能力还不成熟，所以通常我不会跟他们讲道理，直接保持安静，不回应他，或用轻拍等安抚动作直到他们自然入眠。有时候自己先睡着也无所谓，没人理他，孩子自然就睡着了。

C 认识"睡眠周期"，让宝宝一夜好眠

孩子出生以后，父母几乎就很难再有好好一觉到天明的美好时光了。所以如何让宝宝尽快睡整夜，是每个新手爸妈的愿望。有些天使宝宝才刚满月，晚上就可以连续睡超过6小时，有的宝宝每天晚上就是跟你"大眼瞪小眼"。婴儿刚出生的时候，他们还没有日夜的概念，要到4～6个月大，日出而作，日落而息的生活规律才慢慢稳定下来。也就是说在那之前，他们的"清醒—睡眠"都还不固定。但是为什么有些天使宝宝可以很快就睡整夜呢？严格讲起来，那不算是真的"睡整夜"。

人的睡眠是由一个又一个的"睡眠周期"组成的。什么是睡眠周期呢？如下图所示，我们入睡以后会进入浅睡的阶段（Stage1、Stage2），之后逐渐进入深层睡眠（Stage3），然后进入快速动眼期（REM），这个阶段通常也是做梦的阶段。在快速动眼期阶段，睡眠深度会变浅，甚至会清醒过来。这样一个"Stage1→Stage2→Stage3→REM"循环称之为一个睡眠周期。

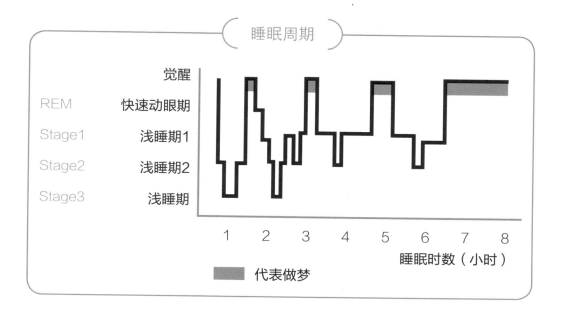

成人的睡眠周期一次1.5～2小时，所以一个晚上有4～5个睡眠周期。但是孩童的睡眠周期比成人短，新生儿45～60分钟，幼儿介于成人与新生儿之间。所以一个晚上按8小时来计算，婴幼儿会经历8～10个睡眠周期。刚才提到在快速动眼期的时候睡眠深度是很浅的，甚至会清醒过来。也就是说如果睡眠周期越多，接近清醒或是清醒的机会就越多。

6个月前的婴儿，生理上其实还没有具备睡整夜的能力，尤其是3个月以内的小婴儿，他们睡着与清醒的时间是平均分布于一整天当中的。之后才慢慢地建立起白天清醒时间长，晚上睡眠时间长的形态。听起来似乎让人有点沮丧，好像6个月以内的婴儿无法"训练"他们睡整夜。不过，刚才提到了，如果他们再入睡的能力好，还是有办法让爸妈一夜好眠的。

孩子容不容易入睡，某些部分是天生的，但是我们可以帮助他们创造一个好的入眠环境：安静、舒适、幽暗的睡眠环境。另外，新生儿常常因为饥饿讨奶而醒来，所以可以在睡前的最后一餐，让他们尽可能吃多一点，但不是强迫喂食，而是在宝宝愿意喝的前提下给予较多的奶。半夜如果醒来讨奶，在只是哼哼唧唧的阶段，可以考虑用安抚奶嘴转移注意力，慢慢地延后他们固定吃奶的时间，但不能拖到他们饿得大哭才喂，这样宝宝更无法睡安稳。

举例说明，原本10点吃完睡前奶，2点开始扭动讨奶，利用安抚奶嘴多撑15～30分钟再喂，用这样的方式慢慢延长夜奶的间隔。但是延长间隔，睡前奶需要加量（以宝宝能接受为前提）。这些方法比较适用瓶喂的孩子，如果是亲喂的妈咪，我的建议是，把躺喂好好地学起来！半夜孩子讨奶就喂给他。随着年龄增长，孩子最终还是会把吃奶时间规律固定下来，并逐渐戒掉夜奶的。

Ｄ 宝宝的睡姿会不会影响睡眠品质

"要让宝宝侧睡还是仰睡"是许多爸妈都关心的问题。宝宝的睡姿关系到他们的头形。但是倒也不会因为单纯的仰睡或是侧睡，就会让宝宝从亚洲人的短头型变成高加索人种的长头型，毕竟基因的力量还是很强大的。

很多家长希望宝宝有个漂亮的后脑勺，会让他们采取趴睡或是侧睡的姿势。不过已经有很多研究证实，趴睡会提高婴儿猝死的风险。尤其是新生儿脖子没有力气，如果溢奶或是口鼻被闷住，他们没有力气将头抬起来或转开，很容易造成窒息。

想要孩子趴睡或侧睡来顾头形的话，请在白天进行，而且一定要有成人在旁边随时照顾才可以。晚上的睡眠还是以仰睡为最好的建议。待宝宝头会转动、身体会翻身以后，什么睡姿都不重要了，因为孩子会自己决定最舒服的睡姿。

宝宝趴睡。
让宝宝趴睡，应有人在旁照顾，尤应注意床或枕头不宜太软，以免宝宝口鼻陷入而影响呼吸。

E 宝宝的正常睡眠时间应该是几点到几点

对宝宝来说，睡眠是吃奶之外一等一的大事。当婴儿足月出生的时候，大部分器官都已经发育成熟，但是脑部却不是。因为如果在妈妈肚子里面脑部就发育到足够的大小，会导致头过大而无法顺利产出。为了兼顾安全出产跟婴幼儿的成熟度，人类在出生的时候头骨并未完全闭合，就是为了预留空间给脑部发育。

那到底孩子需要多久的睡眠才"足够"呢

根据美国睡眠医学会（AASM）搜集各国文献整理而成的结论，可以看下页的图表：整日睡眠时间是跟着出生的年龄随时间而递减。4个月以上的宝宝一天至少需要睡超过12小时（含午睡）。而到6岁学龄前的孩子也至少每天睡9小时。至于刚出生到4个月大婴儿，因为日夜作息还未固定，没有明显的证据显示他们应该睡多久才"够"，原则上这个时期的宝宝需要的睡眠一定非常多，就尽可能地让他们睡吧。

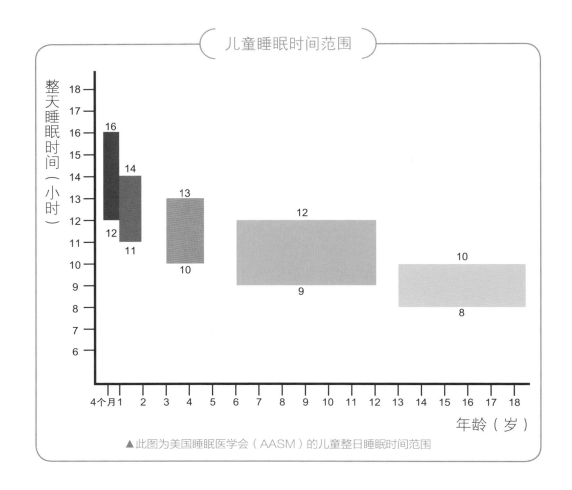

儿童睡眠时间范围

整天睡眠时间（小时）

年龄（岁）

▲此图为美国睡眠医学会（AASM）的儿童整日睡眠时间范围

医师·娘碎碎念

　　张医师因为本身是小儿神经科的，所以他很重视"晚上要睡觉"这件事情。他一直觉得晚上不睡觉就会变矮、变笨（根据前文所述，晚上是分泌生长激素的高峰期）。因此我家规定孩子九点就要睡觉。为了达成这个目标，必须要家长配合才行。到了睡觉时间，我们都要配合演出"爸爸妈妈也要睡觉啰"的戏码：电视关掉、房间的灯熄掉、假装很困的样子直到他们全倒下，才能恢复"大人的时间"。若不以身作则，根本很难让小孩心甘情愿地顺从指令。一味使用高压政策强迫他们就范，除了成效不彰以外，还会赔掉亲子感情。

第二招：3～7岁孩子这样乖乖睡

A 关于睡，此时你可能会有这些困扰

3～7岁的孩子已经有自己的主张了，父母可能常有许多这样的困扰：该和孩子同房还是分房睡？如何让孩子时间一到就上床睡觉等。此阶段的孩子，常会想跟父母讲话，玩耍或一起看电视，甚至只是不想待在床上……此时父母应明白地让孩子知道"现在是睡觉时间"，因此前面所提到的"睡前仪式"非常重要。

父母与孩子该同床还是分床

通常3岁以上的孩子，行动能力都发育得很好了，发生摔下床、卡在床沿或是趴着口鼻被棉被枕头闷住的事件概率非常小，几乎都能够独立在自己的床上入睡。所以对这个年龄段的孩子而言，与父母同房或是分房，差异并不大。若是与父母同房，最大的问题恐怕是在生活作息方面。

大部分家长不会像孩子那么早睡觉，因此如果孩子按照大人的时间入睡，可能会太晚。若是孩子先在卧室睡着，待家长要睡觉就必须轻手轻脚，免得把孩子吵醒。但我也有朋友是完全跟着小朋友的作息生活，每天晚上九点准时就寝。若能做到这样，与孩子同房，我觉得也没有关系。

如果自己的生活作息无法完全配合孩子，那也许分房会是比较好的选择。一开始有些孩子会表现出分离焦虑，这时候家长可以用Fade out（淡出）的方式慢慢让他习惯在自己的房间睡觉。进行完睡眠仪式之后，待在房间陪伴他到他昏然欲睡再离开，或是定期进入房间看看他。不过过程当中不要与孩子有太多的互动，如前面所述，就只是静静地陪伴与"看一眼"，免得打乱孩子的睡眠仪式，让孩子更难养成健康的睡眠习惯。同房与分房，没有一个固定的准则，全看家里的格局、个人的生活习惯和孩子的气质、脾气秉性来决定。

B 孩子认床怎么办

睡觉前放松心情，要处于安心的状态，才能够快速适地进入睡眠状态。有些孩子的气质个性比较内敛，对陌生的环境或是不熟悉的人或事物容易产生焦虑，尤其是有认知障碍倾向的孩子，对改变相当敏感。

当外出不在家过夜的时候，因为环境改变、床的触感也不同，比较敏感的孩子容易紧张焦虑而不易入睡。这时候尽可能让孩子睡觉环境接近家里入睡的环境：灯光、音量、固定的睡眠仪式……这些都有助于孩子在陌生的环境较不易"认床"。

C 要特别注意的孩子睡眠障碍

孩子的睡眠为何如此重要？研究发现，幼儿在晚上九点到凌晨三点之间，睡着状态的幼儿脑部分泌生长激素的浓度会比清醒时高出3倍以上！而生长激素不单单只是让宝宝长得高又壮，还会影响他们脑部的发育，也就是会影响智力的发育！台湾的医师在儿童保健门诊进行一项统计调查发现，最常见的幼儿睡眠障碍是"入睡困难"和"夜间惊醒"。而且，这些问题在其他国家和地区也非常普遍。所以全世界的爸妈都困扰于宝宝入睡困难和夜间惊醒的问题。入睡困难指的是入眠过程当中孩子拒绝睡觉，进入睡眠需要超过30分钟以上，夜间惊醒是孩子缺乏自我再入眠的能力，晚上醒来的时候都需要父母哄睡才能再次入眠。

这两种情况不只影响孩子的睡眠品质，同时给照顾者也会带来很大压力，还破坏照顾者的睡眠品质。长期下来，不只影响孩子发育，还会影响情绪。想想太太刚生完孩子，因为照顾新生儿而睡眠不足的日子吧！是不是感觉她变得比平常暴躁、易怒呢？所以睡得好是宝宝健康成长的基本要素之一，作为主要照顾者，必须及早发现宝宝的睡眠障碍。无论是要解决入眠障碍还是夜间惊醒，都应该从固定睡眠时间、建立固定的睡眠仪式开始。

夜惊 vs 噩梦

孩子脑部发育一开始先以兴奋型的脑细胞为主，然后才是抑制型，因此"夜惊"通常发生在孩子身上。和噩梦不同之处，夜惊的另一个名字叫作"觉醒混淆"，它类似于梦游，孩子醒来也不会有印象。而噩梦就是真的做梦，内容可能是让孩子感到恐惧、害怕而惊醒的梦。要辨别这两者的不同可以用下面几个简单的方法。

❶ 孩子是闭着眼睛哭闹还是醒过来了。

❷ 发生的时间是接近刚入睡不久，还是已经睡了一段时间了。

❸ 哭闹完之后，孩子是否害怕得不敢入睡。

通常夜惊的表现是"刚睡着不久以后，闭着眼睛哭闹，叫不醒，哭完之后又莫名其妙地睡着了"。噩梦则是相反。如果是夜惊的话，不需要把孩子弄醒，因为孩子是无意识的，而且也没有发作的记忆。如果夜惊的频率非常严重，可以观察发作的时间点，在晚上要发作前就轻轻地把孩子叫醒，喝口水再回去睡。这样的方式有助于跳过夜惊发作，并减少发作的频率。

但是如果是噩梦，孩子是真切地做了一个让他们感到恐惧、害怕的梦而惊醒，我们就不能当作没事来看待。当下安抚情绪和给他足够的安全感很重要，同时也要观察是不是白天有什么压力大的事让他们做噩梦。如果只是跟孩子说"这只是做梦而已，没什么好怕的，赶快回去睡觉"，会让他非常受伤。

D 睡前做什么能改善孩子的睡眠品质

想要帮宝宝一夜好眠到天亮，先从替孩子准备适合睡眠的舒适环境开始。像灯光的调节，睡觉前先把灯光调暗，有利于协助孩子进入睡眠的模式。明亮的灯光对孩子来说太过刺激。此外，电视机吵闹的声音也会让孩子难以入眠，此时需要平静缓和的气氛，避免太多声光刺激。

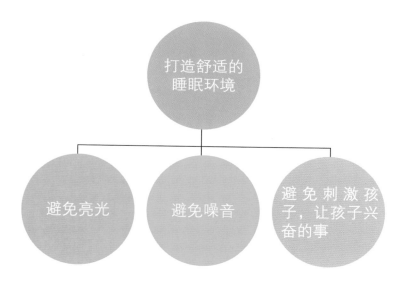

睡前讲故事对孩子有什么帮助

"睡眠仪式"是儿童睡眠医学重点强调的一个帮助儿童建立良好睡眠习惯的做法。如何建立好的睡眠仪式在前面提到过，通常最后的活动最好是在床上进行，所以睡前故事是很不错的选择。同时给孩子讲故事的时候，会与孩子有很多互动、交流，有助于增进亲子关系。听完故事要睡觉，尽可能别讲得太让人激动的故事，也不要把床边故事当连续剧——"欲知后事如何，且待明晚分晓"。更不要讲鬼故事，只会影响孩子心情。总之，引他们激动、兴奋的事在睡前都得避免提及。

Part 4
认知发展&
情绪篇

陪孩子一起成长,
理解宝贝如何一步步认识
这个世界

培养宝贝全方位的认知发展

 第一招：掌握孩子的认知发展

A 关于认知发展，此时你可能会有这些困扰

　　宝宝看儿童保健门诊，除了身体发育的评估，还会有发展的评估，如果有发展较慢的情况就会赶紧转诊进行早期评估。但是家长又常常会听到一些认知障碍的疾病，例如自闭症等。发展迟缓与认知障碍，好像很雷同，但又不大一样，到底这两个名词有什么区别？

　　首先要来跟大家说明认知与发展的不同。一般我们所说的"认知"，是指大脑将接收到的各种外来刺激（视觉、触觉、听觉等），在脑中进行筛选与解读后，再做出相对应的反应并回应外界。最简单的例子就是，孩子听到你说"肚子饿吗"，他能理解这是在问他是不是有饥饿的感觉，同时他能够将"肚子饿→进食→想吃的东西"等概念联结后，统一为"我想吃饼干"并用嘴说出来回应。

　　这整个过程当中不管哪个环节出了问题，例如无法理解、无法联结相关的概念、无法形成合适的策略或反应，都可统称为认知障碍。而认知障碍包含在一个更大的框架，是"发展迟缓"当中的一部分。简单来说，认知障碍是属于"症状"，而发展迟缓是一个"疾病的诊断"。

　　发展除了认知以外，还有包含动作、语言能力（这里包含构音异常）和社会性。评估认知发育是否迟缓是利用"丹佛发育筛查测验"（210～211页表格）来进行筛检。这个量表主要分为四个部分：大动作、精细动作、语言、社会性，从0岁开始就可以对发展进行评估。这个表格也是婴幼儿保健门诊在评估孩子是否有发展迟缓的重要量表。

　　此量表可以帮助爸妈知道孩子该年纪的认知发育情况。年龄线落在 **浅黄色区块**，代表25%～75%婴幼儿能达到该阶段发展；年龄线落在 **浅橘色区块**，代表有75%～90%的婴幼儿能达到该阶段发展。如果孩子的年龄线超过某一项橘色区块，却还无法达到该项发展，家长就要引起注意，并协助宝宝加强练习。当年龄线超过两项以上橘色区块，却还无法达到该项发展时，应该去寻求儿科医师的专业协助。

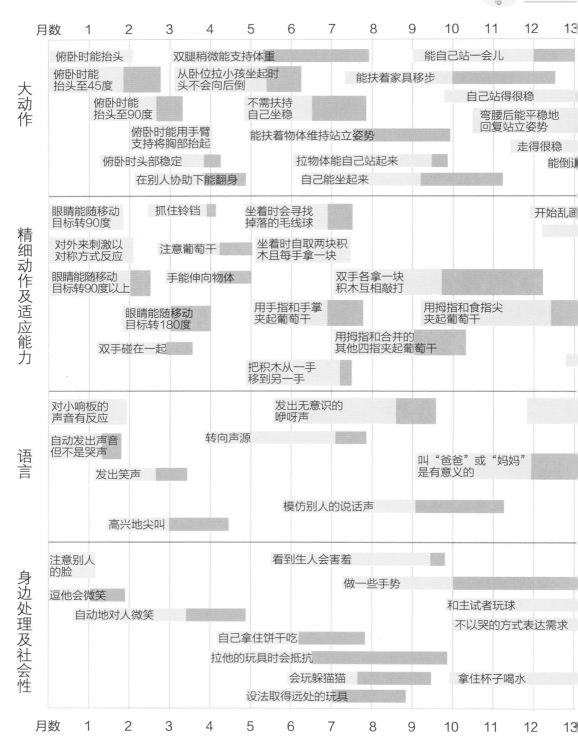

月数　1　2　3　4　5　6　7　8　9　10　11　12　13

大动作

俯卧时能抬头

俯卧时能抬头至45度

俯卧时抬头至90度

双腿稍微能支持体重

从卧位拉小孩坐起时头不会向后倒

能自己站一会儿

能扶着家具移步

自己站得很稳

不需扶持自己坐稳

俯卧时能用手臂支持将胸部抬起

能扶着物体维持站立姿势

弯腰后能平稳地回复站立姿势

俯卧时头部稳定

拉物体能自己站起来

走得很稳

能倒

在别人协助下能翻身

自己能坐起来

精细动作及适应能力

眼睛能随移动目标转90度

抓住铃铛

坐着时会寻找掉落的毛线球

开始乱画

对外来刺激以对称方式反应

注意葡萄干

坐着时自取两块积木且每手拿一块

眼睛能随移动目标转90度以上

手能伸向物体

双手各拿一块积木互相敲打

用拇指和食指尖夹起葡萄干

眼睛能随移动目标转180度

用手指和手掌夹起葡萄干

用拇指和合并的其他四指夹起葡萄干

双手碰在一起

把积木从一手移到另一手

语言

对小响板的声音有反应

发出无意识的咿呀声

自动发出声音但不是哭声

转向声源

叫"爸爸"或"妈妈"是有意义的

发出笑声

模仿别人的说话声

高兴地尖叫

身边处理及社会性

注意别人的脸

看到生人会害羞

做一些手势

逗他会微笑

和主试者玩球

自动地对人微笑

不以哭的方式表达需求

自己拿住饼干吃

拉他的玩具时会抵抗

会玩躲猫猫

拿住杯子喝水

设法取得远处的玩具

月数　1　2　3　4　5　6　7　8　9　10　11　12　13

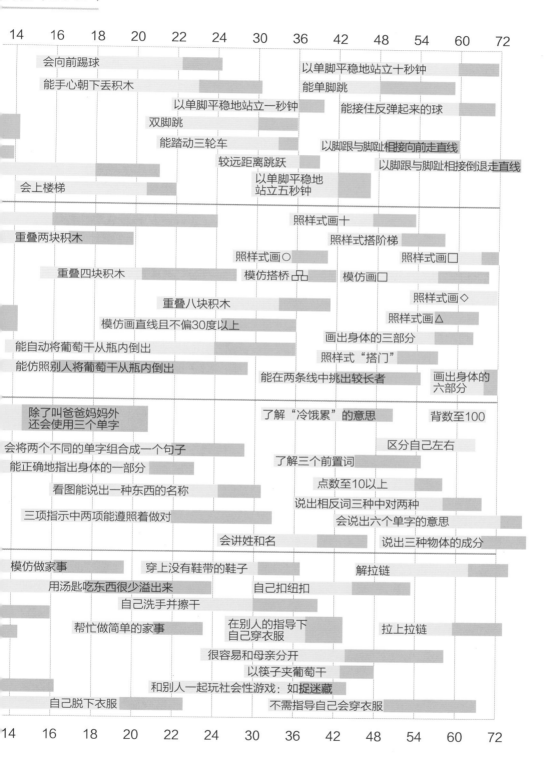

| 14 | 16 | 18 | 20 | 22 | 24 | 30 | 36 | 42 | 48 | 54 | 60 | 72 |

会向前踢球

以单脚平稳地站立十秒钟

能手心朝下丢积木

能单脚跳

以单脚平稳地站立一秒钟

能接住反弹起来的球

双脚跳

能踏动三轮车

以脚跟与脚趾相接向前走直线

较远距离跳跃

以脚跟与脚趾相接倒退走直线

会上楼梯

以单脚平稳地站立五秒钟

重叠两块积木

照样式画十

照样式搭阶梯

照样式画○

照样式画囗

重叠四块积木

模仿搭桥品

模仿画囗

重叠八块积木

照样式画◇

模仿画直线且不偏30度以上

照样式画△

能自动将葡萄干从瓶内倒出

画出身体的三部分

能仿照别人将葡萄干从瓶内倒出

照样式"搭门"

能在两条线中挑出较长者

画出身体的六部分

除了叫爸爸妈妈外还会使用三个单字

了解"冷饿累"的意思

背数至100

会将两个不同的单字组合成一个句子

区分自己左右

能正确地指出身体的一部分

了解三个前置词

看图能说出一种东西的名称

点数至10以上

说出相反词三种中对两种

三项指示中两项能遵照着做对

会说出六个单字的意思

会讲姓和名

说出三种物体的成分

模仿做家事

穿上没有鞋带的鞋子

解拉链

用汤匙吃东西很少溢出来

自己扣纽扣

自己洗手并擦干

帮忙做简单的家事

在别人的指导下自己穿衣服

拉上拉链

很容易和母亲分开

以筷子夹葡萄干

和别人一起玩社会性游戏：如捉迷藏

自己脱下衣服

不需指导自己会穿衣服

| 14 | 16 | 18 | 20 | 22 | 24 | 30 | 36 | 42 | 48 | 54 | 60 | 72 |

B 先认识"认知障碍"

有关认知障碍症状的相关疾病，大家比较熟悉的就是自闭症、注意缺陷多动障碍（ADHD）、智能障碍等。目前发现这些疾病的互相重叠性很高，也就是说，很多孩子的表现其实可以同时归属于两种以上的认知障碍。认知障碍比较偏向心理层面，所以大部分疾病的诊断是由儿童心理科医师来确诊。

有认知障碍症状表现的孩子常常有下列的障碍：运动性问题（运动协调障碍）、行为性问题（多动症）、社会性问题（自闭症等）、学习性问题（学习障碍），另外还有综合性的全体认知障碍（轻度智能障碍）等不同的方面。孩子的表现可以是同时符合两种以上认知障碍，例如因为有运动协调障碍的小朋友，可能同时也表现出注意力不集中；有时候动作协调性不佳是因为无法同时处理多个信息，表现出来就像无法专心做事情一样；有时候是因为注意力欠佳而无法专注于肢体动作的协调，表现出来像是运动协调障碍，很多时候孩子的表现都是落在重叠的区间。

另外，这一类疾病不像一般生理性疾病，有很明确的标准，通常是"程度上"的问题。同时随着孩子年纪成长，所接触的环境改变，有一些表现才会慢慢地显现出来。比如孩子3岁以后开始进入幼儿园，有了同学就会"衍生"出人际关系的问题，因此自闭症通常是3岁后才容易确诊。

而学习方面的障碍往往在孩子进入教育体系，有学校作业、考试才会表现出来，注意到孩子的症状而发现多动症（ADHD）、学习障碍（LD）等状况。因此，不论是多动症、自闭症还是学习障碍，一定要经过临床医师专业的评估，千万不要只因为孩子不专心听大人讲话，就一口咬定孩子一定是专注力不足的多动儿。当然还是有一些征兆可以让家长提早警觉孩子是否有认知障碍。

C 几点认知障碍小征兆，提早警觉

日常生活中，爸妈该如何观察家中宝贝是否有认知障碍呢？下列这些征兆可能是认知障碍孩子的表现，但不代表有这些状况就一定有问题，还需要长时间细心观察。如果情况随着成长有所改善，就不必特别担心。再来，孩子将来的成就是整体的表现，很多有名的人，例如米开朗琪罗、比尔·盖茨，也都被怀疑是阿斯伯格综合征（AS）呢！所以若是看到自己的孩子有符合下面的描述时先不要紧张，可以先寻求专业人士进行评估。往往上帝关上一扇窗，会帮你开另一扇窗；找到适合孩子发展的方向才是最重要的。

认知障碍的一些小征兆。

- 特别不爱哭泣的孩子，对环境或是主要照顾者反应都很冷漠。

- 与人交谈或互动时不看对方的眼睛，喊他名字的时候也完全没有反应。

- 对特定的感觉过度敏感：偏食（对某些食物气味口感敏感）、讨厌人家碰触（对触觉敏感）等。

- 不会看气氛场合讲话，也听不懂话语的潜台词。例如朋友打电话来家里问"你妈妈在吗"，孩子回答"在"，然后就马上挂断电话，无法理解其实对方是要找自己妈妈接电话的意思。

- 同一时间只能做一件事，无法同时处理两种以上的动作，例如跳绳（需要会跳跃和手转动绳子）。

- 对事情异常执着，没有变通性，例如临时的行程改变，物品摆放位置不同，都难以接受。

7. 会很直接地讲出"实话"，不顾及合不合适，就像《皇帝的新衣》里指出皇帝裸体的孩子一样。

8. 当事物与平时不一样时，会惊慌失措，甚至有歇斯底里的表现。

9. 容易有冲动行为，特别坐不住。

10. 常常忘东忘西，总是漏掉小细节，注意力也特别容易被不相干的事情吸引。

11. 因为常常被指责，有爱顶嘴、反抗的态度和悲观沮丧的负面态度，并且在这两个极端之间摆动。

12. 语言发展迟缓，因为语言表达较慢，与同龄孩子相处的时候会因为不会说而采用动手的暴力方式，被贴上"爱打人的坏孩子"的标签。

D 再认识"感觉统合"

感觉统合可以是一种改善认知障碍的方法之一，另外还有结构化教学法、应用行动分析等。这其中就属感觉统合治疗最广为人知。

感觉统合，顾名思义就是将感觉统合起来。前面我们提到过，认知是将外界感官刺激接收后进行理解，然后计划出合理的应对方法并将之实现的过程。所以感觉统合就是在强化"正确地接收与解读外界的感官刺激"，并训练做出合理反应的一种治疗方法。专门的感觉统合训练是由康复医学科主导，康复治疗师进行指导的。

在进行感觉统合训练的过程当中，要不断评估孩子的情况，调整治疗课程的内容。

若家长想要在日常生活当中增加孩子感觉统合的训练，要注意"过犹不及"的原则。认知发展是综合性的成长，不是单单做某几项"刺激"就能够达到效果。其实一般没有到认知障碍程度的孩子，适度且广泛地给予他们各种感官刺激，通常都能够均衡发展。现在城市的孩子因为接触的往往是电子产品，缺乏嗅觉、触觉、本体觉等刺激，大自然能够提供非常丰富的感官刺激，所以闲暇之余，多带孩子去郊外走走吧！

第二招：掌握0～3岁宝宝的各项发展能力

A 这样动，训练孩子的平衡感

我们内耳的前庭系统是负责保持平衡的重要器官之一。如果前庭刺激过少就会导致孩子平衡感不好。而平衡感不好，身体姿势的调整以及眼球动作的稳定性就不佳，进而影响手眼协调能力。手眼协调不佳的孩子，会看到他们眼睛明明看到想拿或放置的东西，手却无法精准地拿取或放置到相应的位置，例如拿纸杯。

手眼协调的训练，顾名思义就是要包含眼（看）跟手部（精细动作）的游戏，手眼协调就是指眼睛看到的信息传给大脑，再由大脑发出命令让手部完成操作的过程。日常生活当中的各种事情几乎都要用到手眼协调能力，从最简单的吃饭到复杂的弹钢琴，通通都是！

所以训练手眼协调的游戏非常多，除了购买现成的教具之外，其实日常生活的小东西都可以成为训练手眼协调的工具，像是扣纽扣、绳子穿洞打结、涂色，都是很适合亲子共玩，材料也随手可得。不过要特别注意，爸妈要选择难度适中的教具带领孩子进行游戏才行，而且过程是欢乐的，不是竞赛或是学习式的"肃杀之气"，以免孩子手眼协调没训练好，先把亲子关系搞坏了。

下面提供三个训练孩子手眼协调的小游戏，这些游戏不但材料简单易得，而且不需要花很多钱，爸妈平常在家中就能和孩子一起玩。

游戏❶：沿线撕撕乐

孩子沿纸上画的线条撕纸

材料：纸、笔。

游戏方法：

❶ 爸妈在纸上画线（难度可依线条的粗细、复杂度调整）。

❷ 引导孩子沿着线撕纸。

★小提醒：玩游戏时，不要选择含有油墨印刷的纸张，因油墨中含铅，要是孩子吃手会不慎吃到油墨，不利于身体健康。

游戏❷：配对贴贴乐

材料：贴纸、不同颜色的插图（爸妈可买现成的书，或上网找插图打印）。

游戏方法：

❶ 给孩子不同颜色的贴纸。

❷ 让孩子将贴纸贴在相对应的图案上（例如相对应的颜色、形状等）。

游戏❸：杯子套套乐

材料：橡皮筋、杯子。

游戏方法：

让孩子将橡皮筋套在杯子上，这样有利于训练孩子的手部肌肉。

医师·娘碎碎念

平常孩子玩耍时奔跑、跳上跳下、荡秋千、滑滑梯、玩滑板……都是对给予前庭刺激很不错的游戏。市面上也有很多弹簧床、跳跳球等教具可以让孩子在游戏中增加前庭刺激。给予前庭刺激，重点是身体的位移跟加速度感，孩子都很喜欢加速度的感觉。所以除了去找专业的老师来上课，有时候我会建议各位妈妈放心地让爸爸和孩子玩一些疯狂游戏，像飞高高、大车轮等。没有固定的形式，玩得越疯越开心越好（当然要注意安全）。这些"疯狂爸爸游戏"通常比较需要体力跟爆发力，所以最好由爸爸来，以免妈妈产生运动伤害，同时有利于父亲与孩子建立亲密的关系，也给爸爸一些为家庭付出的机会，可以说是一举多得。

B 这样教，训练孩子的认知能力

前文提到，所谓认知就是指大脑将接收到的外界信息，经过理解、整理之后，能够计划性地给予回应的过程。婴儿一出生就像一张白纸，没有任何人生经验，再加上脑部在出生后还会持续发育，所以孩子的认知发展需要给他们充分的耐心。

　　"孩子不懂是正常的"这句话要常常牢记在心。虽然我们自己小时候都经历过这一段学习的过程，可是还清清楚楚记得的又有多少？我们之所以可以恰当地应对各种情境，顺利地规划行程，应付身边各式各样的人际关系……都是我们成长过程中经年累月的经验累积以及学习而来。孩子没有我们这些积累，所以那些"故意""粗心"的表现，往往不是真的故意、粗心，而是因为他们真的"不知道"。因此给予孩子各种教导的时候，发现他们的回应不如预期，就要把教导的内容降低一级。

　　另外，给孩子指令的时候，要从非常明确、直接的指令开始。等到他们对简单明确的指令都能够完全理解并执行的时候，才能够使用复杂一点的语言，甚至反语。千万不要一开始就使用说反话或是嘲讽的方式，因为他们听不懂就会更加混乱，反而难以建立好的行为。

　　除此之外，立即回馈也是重点。当孩子马上执行你的命令的时候，当下就给予称赞"谢谢你""你真是妈咪最棒的小帮手"……除了让孩子知道"现在做的事情就是妈妈说的想要我去做的事情"之外，也有利于增强孩子做出这些行为的意愿。孩子其实是很愿意讨好父母的，不然为什么当我们生气的时候，孩子总是会用"装乖"来撒娇呢？

C 这样做，训练宝宝的学习专注力

　　孩子的专注力比大人低是正常的。即使不是认知障碍的孩子，能够专注在一件事情上超过10分钟就非常了不起了。从4个月大开始，婴儿就对周围环境产生兴趣，所以开始出现吃奶不专心的情况。

　　给孩子一个可以专心的环境和规则是建立专注力的基础，而且是要全家一起执行的。家里的空间最好明确区分开来，不同空间的功能有明确的界限。全家人都要认真执行，小孩才不会感到混乱。例如吃东西就一定在餐桌上，不能带到卧室床上或是客厅、游戏间，睡觉就是回到卧室的床上。

明确区分家里的空间

如果孩子有自己的房间，房间的设计也要依同样的原则，将孩子读书、游戏、更衣、睡眠的空间区分出来，可使用屏风、轻隔间、柜子等进行空间分割。

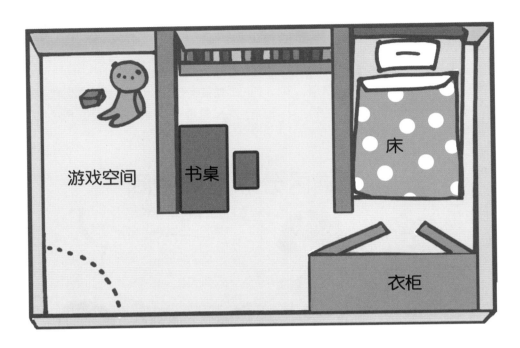

D 这样说，训练宝宝的语言学习力

"语言"能够被说出来，其实是脑部很复杂的过程。可以想象一个金字塔，最下面的部分是"控制身体的脑"，再来是"掌管心理情绪的脑"，顶端尖尖的才是"控制语言的脑"。这是什么意思呢？简单来说，新生儿刚生出来的时候，他的生活就只有吃、睡、玩，这个阶段是养育控制身体。满足身体基本的需求以后，慢慢地，小宝宝会有高兴、兴奋、恐惧、愤怒等情绪，以及凭借观察得来的经验累积，产生基本的认知能力和知识。接下来孩子才会因为与外界互动，慢慢地学习表达这些情绪或是自我意见的"语言"能力。

一般孩子开始说话大约在1岁，首先会是无意义的喃语，慢慢地会出现模仿我们句尾的仿语，最后才开始出现有意义的单字、句子。但是内在架构语言的能力，从出生就开始了！如同前面所讲的，刚出生的婴儿虽然只有吃、睡、玩，但是这些感官经验是奠基将来语言的重要原料，6个月以内的孩子可以尽情地满足他们，也满足我们想宠溺孩子的心。6~18个月，幼儿从会坐、会爬，慢慢到会站、会走，此时尽情地陪伴孩子探索这个世界，以吃、睡、玩为基础来体验各种感觉。例如孩子开心地荡秋千，我们一边推着孩子一边说："很开心吧?"孩子就会理解这种心情叫作"开心"。吃孩子喜爱的食物时，我们在旁边问他："很好吃，对不对"，孩子就知道吃到喜欢的口味叫作"好吃"。

　　语言就是这样一点一滴累积起来的，单纯逼孩子背单字，不但毫无效果，而且还增加孩子的压力。所以如果想要帮宝宝打好语言基础，"互动"是不二法门。因为孩子学习语言的方式就是一边体会各种感觉，一边明白这些感觉的"说法"。

E 这样玩，训练孩子的社会性

根据儿童心理学的发展，2岁以前的孩子是以自我为中心的。2~3岁才开始发展与同伴互动、分享的能力。互动的基础之一就是"感知对方的情绪与感受"，也可以说是同理心。自闭症的孩子往往人际关系出问题就是因为他们无法理解他人的感受，才会做出一些不合时宜的行为，例如自顾自地说话、不懂得察言观色等。另外一个就是"自我的表达能力"，能够使用对方可以理解的方式表达自己的情绪，尤其是语言，是互相沟通的关键。

低幼的孩子因为语言发展有限，还没办法完全表达自己的需求和情绪。往往情绪一来，急得讲不出口就先用肢体的方式表达。因此当幼儿无故打人或是有一些暴力行为的时候，与其急着责骂他，不如先分开双方，引导打人者表达出自己的需求或情绪，等孩子慢慢学会怎样表达，这些情况就会有所缓解。但是有些孩子天生表达能力就发展得比较晚，当他们比同龄的孩子表达能力差的时候，我们可以给予帮助。例如使用"情绪的脸谱"（如下图），孩子可以用"我现在是在Level 3了""嗯，现在还只有Level 2而已"来帮助他们表达自己的情绪。当孩子被对方"同理"，往往情绪就能稳定下来。

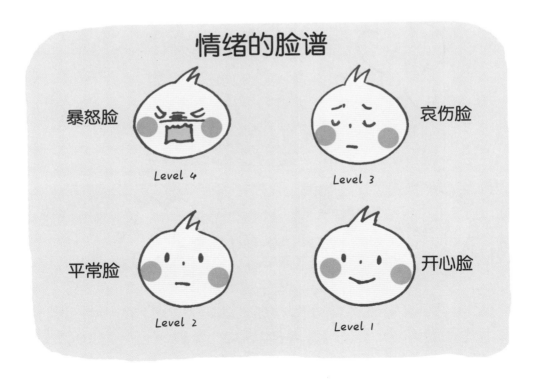

情绪的脸谱

暴怒脸　Level 4　　哀伤脸　Level 3

平常脸　Level 2　　开心脸　Level 1

若孩子真生气，甚至气得歇斯底里，这个时候不用急着制止或是讲道理，因为此时他们完全听不进去。首先要做的是"隔离"，家中最好有一个属于他们的"秘密基地"，当孩子气得抓狂的时候就去那里冷静一下，同时让其他的兄弟姐妹有喘息的空间，不必直接面对抓狂的手足。

如果孩子有自残行为，重点是保护孩子的安全直到冷静下来为止。例如孩子激动起来就会拿头撞墙，此时爸妈可以拿一个软垫夹在头跟墙中间让他撞软垫，这个阶段强硬地阻止，只会让孩子更加歇斯底里。

当家中有一个比较容易抓狂的孩子时，有时候父母不经意间将过多精力放在他身上，而冷落了其他的兄弟姐妹。这时候，家长也要对其手足进行"说明"，例如"姐姐不容易专心，所以她专心写功课的时候，需要有安静的环境！"孩子就会在姐姐做功课的时候，出现降低玩耍的音量或是协助把容易引人分心的玩具收拾好等贴心的举动。

还有，不管有几个孩子，都要有个别跟他们单独相处的"两人时光"。要知道最先与孩子互动的同伴，就是自己的兄弟姐妹。所以身为父母，让每一个孩子都理解爸爸妈妈爱他们是第一要务。和谐的手足关系，是创造良好互动的基础。这样孩子去幼儿园或是学校时，也能顺利地与同学相处。

第三招：掌握3～7岁孩子的各项发展能力

A 如何教孩子认字、写字

文字是语言的延伸，学龄前的孩子还不必着急认字与写字。因为中国字不是拼音文字，所以每一个单字都是要独立记忆。对小孩来说，每一个字都是一幅画。认字与写字最好当作游戏当中的一部分来进行，而非"学习"。这样效果会比较好，家长的得失心也不会那么重。

认字先挑笔画简单、生活中常用到的字，例如"大""小""中"等。配合词语的使用来认这些字。另外，在上小学一年级之前，最好让孩子认得自己名字。因为上一年级之后，自己的柜子、书桌、文具和书包等，都要自己看护好，必须要认得自己的名字，才知道哪个是自己的。

书写文字需要的能力就是手眼协调和手部的小肌肉力量。在训练孩子写字之前，先让他学会握笔。3岁以上的孩子，可以慢慢地教他正确的握笔姿势，让他用正确的握笔姿势涂鸦和画图。如果一开始不是很顺，可以带着孩子玩一些需要使用手指尖的游戏，例如撕纸、拣豆子、贴纸片等，训练小肌肉的灵活度和力气。孩子学会握笔以后，用一些几何图案让他们描绘，从简单到复杂，甚至教他走迷宫，以此来训练孩子手腕的灵活度。只有这些基础建立起来以后，孩子才能写一手好字。

这样玩，训练手的灵活度

捏夹子

用手指头抻橡皮筋

拿镊子夹纽扣

玩贴纸

B 如何教孩子学习第二语言

现在的社会基本上就是个国际化的社会，第二语言，特别是英语，几乎是每个孩子必学的。打开电视，很多配方奶广告为了强调它们独门的配方，往往会让孩子在广告中说几句不同国家的语言。但是，上一段提到，孩子语言的发展其实靠的是环境。

通常在网络上搜寻双语教学的资料，会看到两种派别的观点。

💬 语言就是要从小培养，当然越早开始学习越好！

💬 多种语言会让孩子混乱，反而阻碍语言发展，所以应该先巩固好母语，再来学习第二语言。

这样截然不同的观点往往让家长感到困惑。其实两种说法都对，但也都不完全对。这是什么意思呢？简单来说，语言学习对孩子来说，与我们上英文补习班、托福冲刺班不一样。他们是通过生活当中的各种体验进行学习，也就是最近很流行的所谓"母语学习法"：认识新东西的同时学会这个东西的名称。所以第一种观点，从小培养孩子学习第二语言是对的，但是"学习"不是去补习班上课。第二种观点，学多种语言让孩子混乱，不利于孩子语言发育也是对的，但是如果多语就是他的生活样貌，慢慢地他也会适应。所以牙牙学语期，家里的人就用自己习惯的语言跟孩子说话，自然而然孩子就会学习各种语言。等到孩子语言建立起来，说话流畅，语句通顺的时候，再寻求短期的补习班的帮助就会达到预期的效果。许多家长常问到孩子多大该去"补英文"，其实这真的没有标准答案。

再来最重要的一点，也是家长常常忽略的一件事情：语言本身的精通与否，背后还有一项重要的因素——是否了解这个语言本身的文化。如果不了解文化，仅是光背背单字、念念句子就不能精准地使用这个语言。如果家中不是天然双语环境（像是异国婚姻这一类），那想要孩子从小很有效率地学习第二语言，我的建议就是搬到国外住一段时间。

C 如何培养孩子的才艺兴趣

所有孩子的"学习"，都是从游戏当中而来。与其说培养兴趣，不如说寻找兴趣。想想自己小时候被父母逼着练习打算盘、弹钢琴、跳芭蕾……有哪一样是让你高高兴兴、心甘情愿的？如果你的回答是："不会，我很高兴"，想必你现在一定算盘打得准、钢琴弹得好、芭蕾跳得美。这些技艺的练习大多是枯燥乏味，而且要一直反复做同样的事情。如果孩子没有兴趣，用强制这种方法让孩子坚持是不明智的选择。

撇开那些特别有天分，不用培养就对才艺有兴趣的孩子，如果真的很想培养孩子对某样才艺的兴趣，就尽可能"立即"称赞他！因为快乐来自于成就感，成就感来自于被肯定。如果在过程中真的给孩子造成很大的痛苦与心理压力，与其强迫他们"有始有终"，倒不如就让他们休息

一阵子。有的时候是因为孩子身体能力还没有发育到应付这些的程度，再给他们一点时间，反而有意想不到的结果。

日本有一位有名的网球选手锦织圭，他并非从小就开始一直学习网球。在他成长期间踢过足球，打过棒球，还学习过游泳，一直到小学高年级才确立想要往网球方面发展。他才二十几岁就获得世界排名第四的好成绩，也是亚洲地区第一位在网球大满贯赛中打入男子单打决赛，并获得亚军的人。其他还有很多各式各样的"天才"，细数他们的成长经历，几乎都是从小展露了他们的天分和兴趣，家长的角色大多是在旁边正向加强和提供各种支援而已。养育孩子，要追求的是如何让他们原本美好的模样被大家看到，而不是将他们塑造成"我"想要的模样。

D 如何让孩子在"玩乐"和"学习"中取得平衡

玩乐其实就是学习之本。看《探索》节目，那些幼狮学习狩猎的技巧不也是从彼此打闹追逐当中学来的吗？与其说取得玩乐与学习的平衡，不如说怎样让学习变成玩乐。我身边有沉迷日本动漫和电玩文化的朋友，他们从没去过日本，也没有上过日文补习班，可是却懂很多生僻深奥的日语呢！

学龄前的孩子还没有学校作业，所以这个阶段主要是以让他们快乐学习为原则。这个年龄的孩子着重的是生活自主安排的训练，建议让孩子学习使用"自订的时间表"（231页图），每完成一项行程就把牌子拿下来放入"已完成"的盒子。这样的训练可以帮助孩子了解自己做每件事情大概需要多少时间，对时间的预估会越来越准，将来孩子"拖拖拉拉"或是"叫不动"的情况就会越来越少。

同时让孩子自己安排行程，孩子也会更乐于按照规划执行。安排的过程一开始，家长的角色主要是"建议"而非"主导"，即使觉得孩子的某些安排不太好，也要用建议的方式提出意见并获得孩子的同意。

　　例如孩子想要一回家就一直玩，到七点才吃饭，比起和他说"不行"，不如说"可是妈妈六点多就做好晚餐了，放到七点变凉就很难吃，而且爸爸常常六点就开始喊肚子饿，我们六点半吃晚餐，好不好"来跟孩子讨价还价。孩子有了自我安排生活的能力以后，大人根本就不用担心孩子如何兼顾玩乐与学习之间的平衡了。

医师·娘挑玩具

　　孔子说过："为小人与女子难养也。"为什么难养？就是因为很会买（喂）。一开始我买玩具也是都看说明书说这个可以增进智力，那个说可以开发大脑……我曾经在销售人员的"洗脑"之下买了上万块的布书，现在都堆在篮子里生尘螨。后来我发现，买回来以后，孩子最爱玩的是那些包装玩具的塑料袋和包装纸盒。就跟我在诊室看病一样，我药物品项和剂量调得再精准也没有用，重点是患者有没有乖乖吃啊（恍然大悟状）！从此我就改变买玩具的方针了。

　　尤其是孩子3岁以后，自我主张越来越多。所以我跟我家老大（5岁）和老二（3岁）约定，只有生日、圣诞节、爷爷奶奶在的时候这三个时间可以买玩具。其他时间都是只能看看而已，多看看，好决定能买的时候要买哪一个。经过时间的沉淀与反复地挑选，他们对最后选择入手的玩具珍惜度也上升了。

　　另外，能否亲子互动也是我挑选玩具的重点之一。我很在意"我觉得好不好玩"，对我来说，能成功引起我想玩欲望的玩具，才是好玩具！连我都不想玩，孩子会想玩才怪。有时候还会玩到想跟孩子抢（为老不尊），这时就是个教育孩子轮流跟等待很好的机会。有时候我也会利用身边的日常物品跟孩子互动游戏：像是把广告颜料或水彩装入塑料袋里让孩子用手指画图、把纸箱子做成秘密小屋等。不但能让孩子发挥创意，还有大量的亲子互动，相当不错。

有时候我也会去找当儿童康复治疗师的大学同学婉茹（我以前曾就读过台湾大学康复治疗学系半个学期）聊天，从她那里学到不少让玩具变教具的技巧，非常实用！例如训练孩子手指精细动作的串珠，如果再加上指令（例如串一个红色圆珠加上蓝色方块最后是黄色椭圆珠）就能够加强孩子对于颜色、形状的理解。

最后，我觉得我家最棒的玩具就是孩子的爸爸，全自动应答、内建多种游戏功能，并具有人工智能，孩子玩到受伤还可以进行急救，孩子们都爱不释手呢！

233

处理宝贝千变万化的情绪问题

第一招：认识孩子的情绪发展

A 关于情绪，此时你可能会有这些困扰

人天生有与生俱来的两大需求：关系感以及成就感。一个人是否有健康的心智，需要从小就满足这两样需求。"关系感"由与人建立爱与被爱的稳定关系，享受连结和归属感而来，其基础是从家庭而来。而"成就感"来自于突破挑战、掌握并完成事物中所获得的自信，基础来自于家庭（获得最初的称赞与肯定）。这两个需求缺一不可，如果失衡会产生不满足感，而两者都缺乏的话，甚至会怀疑自身生命存在的意义。

但是这两项需求有时候会互相排挤和冲突。例如全心全意照顾孩子的太太把先生冷落了，或是先生全力冲刺事业把妻子和孩子冷落了；过度宠爱孩子的家长，虽然满足孩子被爱的需求，却让他们在同伴间过度"无能"，丧失了成就感以及自信心；一个不断督促孩子学习的家长，虽然让孩子获得成就，却可能消磨掉亲子间的亲密连结。

可惜的是，我们的时间与精力有限，有时候很容易顾此失彼，因此要如何平衡地兼顾关系感与成就感，需要靠我们的智慧和分辨能力。就次序来说，关系感应该优先于成就感，也就是有冲突的时候，以人为优先。大部分情绪问题，追根究底起来都能够追溯至关系连结的问题。

很多成人的情绪问题，往往跟幼年的成长经验有关。所

自己当母亲以后，发现在教养孩子时，常不自觉地将自身从小的成长经验套用在孩子身上。例如小时候我是个做事很容易三分钟热度的人，我妈常常因此对我生气；小时候的我被骂了，往往心里会一直想着："我不是故意的，以后我一定不要这样对自己的小孩"。

现在自己当妈了，我的老大有时候画图画一半就分心跑去看别人在画什么，或是加入其他小朋友的聊天中……我就会忍不住对他发脾气，甚至气起来说"我不再让你学画画了！"通常这时才惊觉我并没有比我妈妈对孩子更宽容，甚至更严格。

所以陪伴孩子成长的过程当中，因为这些自我审视和反思，我也是不断地跟自己的父母和解，跟过去的自己和解，让自己变成更好的人。

以我们有了自己的宝贝，怎样在与他们互动中给他们足够的安全感需求，建立稳定长期且有界限的亲子关系，并渐渐培养他们独立自主的能力？等将来他们展翅飞翔离巢而去的那天，有办法坚定自信地展开翅膀乘风翱翔，这就是作为父母养育孩子最大的快乐了！

B 简单认识儿童心理发展三大理论

儿童心理发展的研究方面，有非常多的理论。最早是由弗洛伊德（Freud）提出的"性心理发展阶段论"，强调性对心理发展的重要性。后来艾瑞克森（Erikson）提出"社会心理发展理论"，强调社会环境对人心理发展影响的重要性。最后是皮亚杰（Piaget）的"认知发展论的阶段观"，强调的是个体认知发展是一个连续的过程，呈现阶段性变化。不过这本书不是儿童心理发展学，目前临床上也没有过分强调这些理论，所以我不会着重在这些理论的细节上面，大家看过对这些名词有点印象就好了。

弗洛伊德性心理发展阶段论

弗洛伊德的人格发展理论中，总离不开性的观念。他的理论着重在孩童时期追求本能满足的历程中，各阶段满足与否对日后性格造成的影响。依据年龄发展分为下列几个时期。

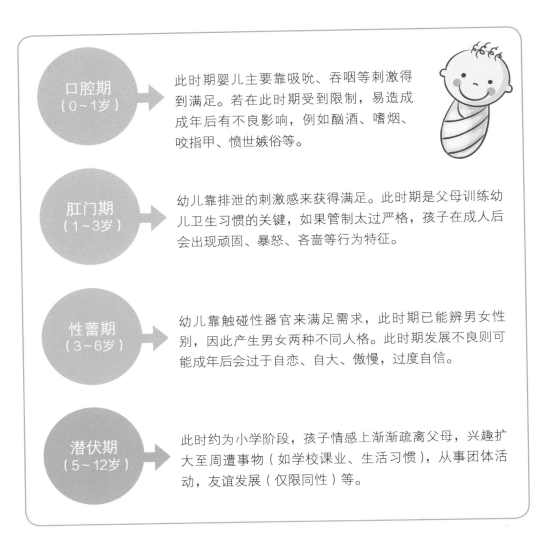

口腔期（0~1岁） → 此时期婴儿主要靠吸吮、吞咽等刺激得到满足。若在此时期受到限制，易造成成年后有不良影响，例如酗酒、嗜烟、咬指甲、愤世嫉俗等。

肛门期（1~3岁） → 幼儿靠排泄的刺激感来获得满足。此时期是父母训练幼儿卫生习惯的关键，如果管制太过严格，孩子在成人后会出现顽固、暴怒、吝啬等行为特征。

性蕾期（3~6岁） → 幼儿靠触碰性器官来满足需求，此时期已能辨男女性别，因此产生男女两种不同人格。此时期发展不良则可能成年后会过于自恋、自大、傲慢，过度自信。

潜伏期（5~12岁） → 此时约为小学阶段，孩子情感上渐渐疏离父母，兴趣扩大至周遭事物（如学校课业、生活习惯），从事团体活动，友谊发展（仅限同性）等。

　　弗洛伊德的理论，后续有许多学者提出反驳，认为这套理论过于偏颇与不够完善。近年这个理论方面的应用已经逐渐减少了。

艾瑞克森心理社会发展论

　　艾瑞克森以两极对立的观念来表示每个时期的"任务与危机"。孩子在每一阶段都有需要完成的任务，若该阶段任务得以顺利完成，将有助于以后阶段的发展；反之，则对日后发展有负面影响。举例来说，0~1岁的发展任务与危机是信任与不信任，若此阶段任务顺利完成，就能发展出对人信任，有安全感的特征。反之，则会发展出对新环境感到焦虑的负面影响。

我将该理论0~12岁的发展任务列出（如下图），让大家简单认识不同年纪应发展的任务与危机，想要更深入了解的爸妈们可以另外搜寻相关资料。

艾瑞克森的理论，临床上有许多应用。尤其是在婴儿期最初的信任关系建立，幼儿期的自我形象建立，都会影响长大以后的人格发展。

信任←→不信任 （0~1岁）	自主←→羞愧 （怀疑） （1~3岁）	主动←→内疚 （3~6岁）	勤奋←→自卑 （6~12岁）

皮亚杰认知发展论的阶段观

所谓认知发展（cognitive development），是指个体自出生后在适应环境的活动中，吸收知识时的认知方式以及解决问题的思维能力，随着年龄增长而改变的历程。

年龄		分析
感知运动阶段 （0~2岁）		宝宝利用各种感觉与动作吸收外界知识，如吸吮、抓取等动作
前运算阶段 （2~7岁）	前概念或 象征思维 阶段	此时期的孩子运用思维，但时常不合逻辑
	直觉思维 阶段	
具体运算阶段 （7~11岁）		7~11岁的孩子推理思维能力只限于眼前所见的具体情境，或熟悉经验
形式运算阶段 （11岁以上）		11岁以上的孩子个体的思维能力已发展到了成熟阶段

皮亚杰的认知发展论主要是在孩子生理动作的发展历程中，知识与认知方面随着年龄增长而改变。这个过程是连续性的变化，只是有阶段性的表现。而这个历程在不同的个体，有很大的差异。例如有些孩子的发展过程，先连结到脑部掌管运动的区块，表现出来的就是比较早会走路；有些孩子是连结到思考的区块，他能够抽象思考（形式运算）的能力就比较早显现（不过这样的孩子有时候反而表现得像是语言发展迟缓，因为他们想的与说的能力搭不上）。这个理论强调的是每个个体的独特性。

第二招：稳定0～3岁宝宝情绪的方法

A 宝宝大声哭闹，安定宝宝情绪的方法

6个月以内的婴儿，与外界沟通的方式就是以哭为主。所以这个阶段的哭不一定是闹情绪，可能是身体不适。当宝宝大声哭闹的时候，首先要排除他是不是尿了，是不是肚子饿了，也可能是太冷、太热、屁股痒……若都排除，可以把宝宝抱起来走来走去安抚。因为当宝宝被直立抱起来的那瞬间，会反射性地冷静下来。另外抱的时候让宝宝靠在胸口，听着爸妈的心跳与感受接触的亲密感，也有助于让他感到安全，并冷静下来。

再大一点的孩子，因为语言表达还没有完全成熟，有时候因为无法顺利表达而直接用大声哭闹表现。如果在公众场合，往往会引起家长的焦躁不安，忍不住斥喝"不要哭了"。这样的方式不但不能缓和孩子的情绪，还会让他更加不安，而加剧哭闹的程度。

这时候就要善用"隔离法"与"转移注意力"。第一时间将孩子带离当下的空间，把孩子与引起哭闹的情境隔离，同时利用一些有声音的玩具或颜色鲜艳、形状特别的物品来引起他的兴趣，让他"忘记"哭泣的原因，专注在新的事物上。但是有时候孩子一下子情绪无法抽离，也不用急着要他马上冷静下来。这时候把孩子带到安静独立的环境，单纯陪着他，等他自己冷静下来就可以了。

B 宝宝需要安全感，处理分离焦虑有方法

孩子在4个月大左右会开始产生分离焦虑。根据"依附理论"，在陌生的环境当中，孩子会产生依附的行为，这些依附关系可归类为安全型、逃避型、矛盾焦虑型和混乱型四种。

四种依附关系

1 安全型 ➤ 孩子有充分的安全感。当母亲或主要照顾者离开时，虽然会哭泣难过，但知道妈妈还会再回来，且妈妈回来后会主动去找。孩子能够接受与母亲分离，并主动探索陌生的环境。

2 逃避型 ➤ 母亲或主要照顾者对小孩没有耐心、忽视他们的需求，甚至将负面情绪给小孩。孩子对妈妈离开或回来都没有情绪反应，这其实是孩子有很多情绪不表达出来。这样的孩子会表现出退缩孤立、缺乏学习的热情，也对探索陌生环境采取忽略或是逃避的态度。

3 焦虑矛盾型 ➤ 母亲或主要照顾者对孩子照顾的行为不一致，不懂得如何满足孩子的需求。孩子对于母亲离开反应激烈，常常大哭大闹或是紧抓不放。即使母亲回来以后抱住孩子，孩子仍然无法停止哭泣。他们的行为会变得矛盾，明明想与母亲亲近，却常常生气愤怒；当母亲关心他的时候也会表示抗拒。这类型的孩子即使母亲在身边，对探索陌生环境也感到焦虑。

4 混乱型 ➤ 孩子经历的被照顾经验是令人害怕的，而且没有固定安稳的长期互动经验。妈妈离开的时候，孩子会想要抱住妈妈，却不知道该怎么做；妈妈回来的时候，也想去抱住妈妈，但也不知道该如何是好。他们的反应会根据环境来表现出抵抗或回避，没有固定连贯的方式。因为他们没有稳定性的互动经验，所以他们的反应也没有一致性。

一般所说的"分离焦虑"，大部分是发生在焦虑矛盾型的孩子身上。而逃避型的孩子有时候因为"不吵不闹"表现得太过乖巧，而被忽略了他们的安全感并没有被满足。当孩子出现分离焦虑的情况时，首先要反省我们与孩子的互动是不是提供给他们充足的亲密感与安全感，甚至要反省自己从小成长的经验，与自己父母的相处模式是不是不够亲密。因为常常会遇到家长（特别是爸爸）知道要陪伴孩子，给他们安全感，却不知道从何下手。下面提供给大家几个简单的原则。

1. 爱就要"说"出来。
2. 投入时间来陪伴孩子。
3. 说话的内容态度与情绪一致。
4. 离开前先告诉孩子。
5. 当孩子需要父母的时候尽量给予回应。
6. 尊重孩子的意见。

如果孩子已经有严重的分离焦虑表现时，最重要的是要给孩子足够的时间，修复与孩子的依附关系，千万不能用责骂或是不理的方式"训练"孩子。这样若不是让他们变得更严重，就是可能会让他们转而对父母失望，而变为逃避型，将来影响他交际能力。

医师·娘碎碎念

孩子的情绪常常会用各种令人头痛的"行为"来表现。例如分离焦虑表现为一看不到妈妈就大哭大闹，没有任何人可以安抚。有时候我也会太专注于企图"矫正"孩子这些令人头痛的行为，而忽略了这些行为背后孩子试图给我们的信息。后来我从老公大而化之的个性上学到，再多给孩子一次机会，再多一点包容，孩子都会很乐意亲近、讨好父母，因为那是他们的天性。他对孩子最常说的话就是"没关系"，所以孩子不小心失败了或是做错了，因为"没关系"，都乐于再尝试挑战。相较之下，我就是比较偏向设定孩子"界线"的角色，孩子奔跑没关系，但是跑到马路上就不能没关系了。告诉他们凡事的界限在哪里，在我快抓狂的时候，老公就会来舒缓气氛救援一下，可是绝对以不破坏原则为前提。

即使如此，我们也不是圣人，还是有把我俩都激到抓狂的时候。这时候，如果是因为孩子的错误行为，就会叫他去墙角罚站或罚坐，让亲子双方的情绪都先冷静下来，之后再讲道理以及安抚。安抚是我们给孩子惩罚或是说教以后必做的事情，用拥抱跟语言向他们表达"我们依然爱你"。

240

C 与宝宝的亲密接触，增进亲子关系

宝宝出生前，与妈妈脐带相连，维持生命所需的养分完全由母亲提供；出生以后，要靠自己呼吸、喝奶才能维持生命。所以与宝宝的第一个亲密接触就是亲喂母乳。凭口腔吸吮吞咽来获得满足，长时间地躺卧在母亲的怀抱中，这些都让宝宝极有安全感。但是有时候，因为一些特殊的因素没有亲喂的妈妈也不用灰心，长时间将宝宝带在身边，让宝宝可以感受到妈妈的气味、声音，肌肤接触，听着妈妈的心跳声，也都能够增进亲子关系。

$$增加亲密关系的方式$$

❶ 亲喂母乳。

❷ 增加肌肤接触。

　　当宝宝诞生在这个世界上，除了吃喝拉撒睡之外，最重要的需求就是"与他人建立关系"。所以身为宝宝的第一位情感连结者，长时间且亲密的接触互动，是建立宝宝健全人格的第一步。除了妈妈以外，爸爸也要经常抱宝宝，逗宝宝。

D 千万别忽视，爸妈的情绪也会影响到宝宝

　　上一段落提到，宝宝来到这世上，要健全成长需要与他人建立关系。这样的需求不仅只是与不同的人建立关系、拥有信任、社会化、亲密的情感满足，还要在与人互动的过程当中获得各种知识与能力，以及将来能够在课业及工作上获得成就感，得到自信的满足。爸爸妈妈就是宝宝在人世间最开始建立关系的对象。

　　宝宝会通过与我们互动，观察我们情绪的反应，来建立自己的人格发展。很多家暴者在小时候往往是家暴的受害者。因为他们看着自己的爸妈施暴或受虐，以为那样的价值观是对的，进而内化成为自己的价值观。

A 在责备孩子前，先理解孩子真正的意图

"三岁狗猫都嫌"是大家再熟悉不过的事情。孩子3岁以后，语言表达、自我意识渐趋成熟，开始进入人生的第一个反抗期。父母面对孩子第一次顶嘴、第一次亲子冲突以及各种让父母发怒的行为，该怎么处理？建议还是回归到最初的原则——建立良好的亲子关系，以人为先。

当孩子做出我们不喜欢的行为或是说出我们不喜欢的话时，我们往往第一反应就是给予责备。但是回想我们自己小的时候，被父母责难时，我们的心里是怎么想的？绝大部分都是因为被指责而感到羞愧愤怒、不服气和不甘心吧？！更多时候，我们觉得那些被责骂的事情"我们又不是故意要那样的""其实是因为……"心里有很多想解释的话，但是往往一开口就被骂得更厉害。

现在我们的身份转变成为父母，似乎就忘记小小的自己当初的感受了。所以第一步要先帮助孩子处理他们的感觉。从孩子的眼光看待这些言行事物，就可以发现真正的问题症结，事情自然迎刃而解。

为什么我们要这么费心神来做这件事情呢？首先，孩子不像我们有丰富的人生经验和语言能力，可以充分表达自己的感受。再来，孩子需要被父母肯定，尤其是遇到挫折的时候，并不知道面对负面情绪该如何正确宣泄。所以父母要做的第一步，也是相当困难的一步，就是仔细且全神贯注地倾听。

单纯地倾听，在过程当中适当地用"噢""嗯嗯""这样子啊"简短的句子回应，表示你在专心听，而且听进去了。当孩子讲完故事以后，可以帮忙孩子为这种感觉下一个定义，如果孩子期待的事情是不合理的，可利用想象力完成孩子的愿望。千万不要小看孩子自己解决事情的能力，有时候光是倾听跟同理他们的感觉，他们就可以自己提出解决方案来。

倾听和同理，帮助孩子表达自己的感受

运用想象力来完成孩子的期望

B 家有顽皮鬼，处理孩子活动力过盛的举动

很多家长会带孩子来诊室要求评估是不是患有"多动症"，但是有的时候往往只是"过皮"，不是多动。多动症全名为"注意缺陷多动障碍（Attention deficit hyperactivity disorder，简称ADHD）"，顾名思义，就是有注意力不集中的症状，才会显得孩子无法安静地坐下来，一下子弄这个，一下子碰那个。

其实如果不是多动症的孩子，活动力旺盛是一件好的事情。第一，表示孩子很健康，因为身体不好的孩子哪有体力捣蛋呢？第二，表示孩子相当聪明，否则哪来那么多创意无限的鬼点子？只是这些行为与我们的期待不同，或是与社会规范相抵触，才会让我们感觉他们很"顽皮"。遇到这样的孩子，多安排一些体育活动来消耗他们的体力是上上策。球类运动、轮滑、游泳、武术、跆拳道……不论哪一种都可以，只要孩子有兴趣，并能在其中获得乐趣就好。运动对认知发展的好处就不赘述了，若是有竞赛性的运动，还能顺便教导孩子运动员的顽强精神以及面对挫折的能力。

再来就是用称赞的方式引导孩子协助，让他们当小帮手，除了发泄过剩的精力之外，帮他们建立成就感和被需要的感觉。最后，反省自己觉得孩子"顽皮"的举动，是不是自己的期待超过他年龄的能力呢？例如期待3岁的孩子在吃3小时的法国餐时，全程安静地坐在桌子前。

C 家有爱哭包，处理孩子在外哭闹的毛病

哭闹是孩子掌握的与外界沟通的第一种方法。但是3岁以上的孩子，应该慢慢学会用语言表达来传达自己的感受。如果3岁以上的孩子还是用哭闹的方式来反抗，代表孩子没有学到表达的能力。在大吼"不要再哭了"之前，家长要先了解自己的孩子是否因为表达能力不佳而无法顺畅地说出心里的感受，是否孩子的经验是只要哭闹就可以达到目的……这些都需要仔细地观察和分辨才行。

如果孩子的哭闹行为会"因地制宜"，遇到特定人才这样，就表示哭闹这招对对方是行得通的。这时候就要与那位人士好好沟通，制订一定的规矩准则，断开"哭闹＝得逞"的连结，才有可能改变孩子的行为模式。孩子如果特别喜欢在"外面"哭闹，有时候是因为爸爸妈妈在公众场合怕丢脸，往往一下子就屈服于孩子的哭闹索求，让他们知道这招有效。在这样的情境中，最好迅速将孩子带离那个环境，不要在现场说教。等到孩子冷静下来的时候，清楚地跟孩子表达自己的感受，同时让孩子体验不适当行为造成的后果。

向孩子表达自己的感受以及让孩子体验自己不恰当行为造成的后果

❶ 在超市里。

糖果区

哇啊啊啊，啊！
我要买糖果！！

如果是孩子语言发展较慢，他无法顺利表达自己的感受，就需要家长给予更多的耐心。孩子在哭闹得歇斯底里的当下，需要让他发泄完毕，重点是注意孩子的安全。等情绪平复以后，再用前面的"替孩子说出他们的感受"的方法，让孩子知道爸爸妈妈懂他。孩子被同理后，我们再引导他如何处理这些情绪，孩子就容易接受了。

D 家有小霸王，处理孩子的易怒、攻击心理

孩子容易生气，爱攻击别人，除了因为表达能力不佳，觉得干脆动手比较快之外，还有一个因素就是"模仿大人"。生气是一件很累的事，情绪激动的时候，心跳加速、肾上腺素分泌加快，这些都非常消耗体力。所以孩子爱生气不是他的天性，生气的背后都是因为有一些不满足或是情绪挫折。我们要细心分辨引发孩子怒气的前因后果，而不是一味地制止他。光是制止，孩子的怒气只会更积压在心里，而且有时候制止的方式在孩子眼中也是相当粗暴的（例如大吼制止或给予体罚），这会让他理解为"讲话大声的就赢了"。将来他遇到比他弱小的对象时，他发泄情绪的方式就会更加暴力。

当然，孩子在攻击别人的时候，我们必须制止，但是态度要温和而坚定。应立即将孩子带开，抽离让他愤怒的情境，再倾听他生气的理由和原因，引导他说出自己的感受和解决的办法。孩子比我们想象中还要坚强、有能力，他们总是能够摸索出一套"自我解套"的方法，我们只需要适时地提供线索，给他再一次的机会和时间而已。但是这不代表打人的孩子不需要付出代价，但绝对不是体罚，体罚只会带来"以暴制暴"的后果。有时候我们看到孩子乱暴怒、乱打人，会感到很生气，当下真的很想狠狠揍他一顿，这个时候就不要再想什么"倾听孩子的心声"这种事情了！在情绪当中的我们，不可能平静而客观地倾听孩子说什么。

这种时候我们需要的是彼此冷静。先让孩子待在独立安静的空间，一方面让他冷静下来，一方面隔离那些让他暴怒的刺激，同时某方面也是让他体验这些不适当行为的后果。等自己情绪也平复以后（也许是数分钟，也许是数天），找孩子一起来讨论那些令他暴怒的情境。此时我们才有心力倾听孩子，帮助他说出感受，一起讨论出解决的方案。要注意这些方案必须是"两方面都同意"的方案，不是家长单方面的命令。讨论的过程当中，家长也要表达出自己的不满。例如："你拿走妹妹的玩具让她大哭，这让我非常不高兴，我希望你可以找出一个方法让她不再哭。"

解决问题的四个步骤

Step 1.
讨论孩子的感觉与需要。

每次你饭都还没吃完就要吃点心，被妈妈制止的时候一定很失望，也很生气吧？

Step 2.
讨论我的感觉与需要。

但是我担心如果先吃了点心就会不好好吃晚饭，你营养不好，会长不高。

Step 3.
一起讨论，各自列举出想法。

Step 4.
讨论双方提出的方案，决定最后实用的方案。

E 家有害羞鬼，处理孩子害羞、怕生的性格

荣格的分析心理学认为人的性格天生就有外向与内向两种。外向的人比较热衷于人际交往。比起独自思考，外向的人更喜欢与人交谈时思考。内向的人偏好独处，不过他们也会愿意与亲密的朋友交往。家里孩子如果是偏内向的性格，不必急着让他见人就打招呼，一下子就融入团体生活，接纳孩子天生的模样，随着年纪慢慢增长，也会有宽阔的人生路。并不是内向的孩子就注定一辈子害羞，不会与人交往，成长的过程其实是不断新陈代谢的过程，身为父母的我们应该在这个过程当中协助孩子每天从旧的"我"破茧而出新的"我"。另外，要注意他们是不是逃避型依附关系的孩子，不打招呼的表现不是怕生或害羞，而是情感表达冷漠。其实只要孩子与他人互动正常，不管是四海之内皆朋友的外向型，还是朋友贵精不贵多的内向型，都是好的。我们必须尊重孩子，而且喜爱他的天性。

孩子怕生不打招呼，千万不要给他贴上"不懂礼貌"的标签，这样负面的批评会让孩子感觉自尊受损，更抗拒与人打招呼。比较害羞的孩子，因为与陌生人接触会带给他们很大的焦虑，所以在旁边的家长要帮孩子熟悉这些陌生人。不要强迫孩子与对方打招呼，孩子通常会好奇地观察大人之间的互动。当他感受到这位陌生人似乎是妈妈的好朋友，对我没有危险，解除威胁感之后，可以在与朋友道别时再引导孩子一次："我们现在要回去了，你要不要让阿姨一个抱抱？还是kiss bye（吻别)？"这时候孩子愿意给予回应的概率就大多了。如果孩子愿意给予回应，当下就要立即称赞他，加强这个正向的行为，让孩子知道"我打招呼是好的行为，因为大家都会因此称赞我"。

医师·娘碎碎念

其实我本身的个性是内向型，所以小时候被大人催促着叫人和打招呼对我来说相当难受。家里老大似乎也继承了我的性格，第一次见到的人和陌生的环境，他都会表现得相当安静和内敛，我猜其实内心焦虑得不得了。有次我开车带着朋友跟她的爱犬，老大（当时6个月大）在后座汽车安全座椅上，我一边开车一边听到他指甲抠着安全带的声音，其实我知道他怕狗，但是他没有哭。大概过了两个红绿灯路口以后，突然什么声音都没有了。我从后视镜一看，发现老大干脆让自己"昏睡死"在安全座椅上来逃避面对狗狗的焦虑。

但是老二的个性就与我相反，她连路边的狗狗都愿意打招呼。最恐怖的是，曾经在家门口看到隔壁邻居门前的地垫上有只蟑螂，她一副蓄势待发，要冲上去跟蟑螂打招呼的态势。蟑螂是我的死敌，当下只想着如果蟑螂被妹妹惊动，朝我冲过来我到底要往哪里逃。

老大看着妹妹到处叫阿伯叔叔阿姨姐姐……都获得好的回应，渐渐地他也模仿妹妹，跟着一起打招呼了。

医师·娘后记：
给常为孩子情绪困扰的爸妈们

写这个章节大概是整本书里面让我最痛苦的地方。因为我根本就是还在学习怎么当父母，我家的孩子也没有天使般乖巧与伶俐。在家里，我还时不时会被他们气到失控。

关于一些安抚情绪的技巧，倾听同理的原则……虽然我都懂，但是不见得做得到。《圣经·罗马书》讲得非常贴切，"立志为善由得我，只是行出来由不得我"我们所想与所行的，往往会有落差。

因为父母也是人，不是神。我也经历反复地操练、自我审视，时时进行调整。所以阅读完这个章节的各位爸妈，不要因为自己又被孩子气到抓狂而感到内疚，只要一天比一天更认识自己，也更认识孩子，随时进行调整就足够了。当感到"这样不行"的时候，赶紧再把这个章节拿出来复习一遍就好了！

没有人一开始就是完美的父母，当孩子调皮捣蛋的时候，想揍他们是非常正常的心理反应，我们所需要的就是学习处理自己这些负面的反应。所以我才很努力写出这个章节，给大家、也给我自己。

医师·娘不藏私
妈妈包大公开

相信许多妈妈要带宝宝出门时，最不可或缺的就是"妈妈包"。妈妈包要装什么呢？与其塞入一堆杂七杂八的东西，不如先筛选什么是不可不带的东西。以下分享我带孩子出门时一定会放进妈妈包的物品，提供给各位新手爸妈们参考。

干洗手液

外面病毒和细菌多，爸妈碰宝宝前，一定要勤洗手。小罐的干洗手液易于携带，在外没有水也能随时随地洗手。

安抚奶嘴链子和安抚奶嘴

附有链子的安抚奶嘴可以挂在宝宝身上，避免奶嘴掉到地上。

奶瓶

奶粉罐

孩子肚子饿，要喝奶时，随时就能泡。

纸巾

纯水湿纸巾

擦汗、擦手、擦口水、擦呕吐物……出门必备。

当我带"两只"以上的孩子时，就会使用背包款，好空出手抓小孩噢。

口水巾

宝宝流口水、流汗时可以擦，也可以垫着接口水喔！

纸尿裤

多带几片，随时可以替换。

背带

折起来收进妈妈包中，要用时随时可以拿出来。

连体衣

选择透气舒适的连体衣，避免孩子肚脐露出着凉。

水杯

孩子口渴时，担心外面的水不干净或太凉，可以随身带个水杯。

玩具

安抚宝宝情绪。

蚊虫叮咬药水

孩子体温高，外出容易被蚊子咬。

连体衣

多带一套连体衣，随时可以帮宝宝更换。

裤子

可穿连体衣后再套上一条裤子。

小孩用包包

帮孩子准备他们喜欢的小包包，里面可以放孩子的玩具。

披风

孩子睡着时可当被子用。

围兜

吃饭时必备一件围兜，免得衣服弄脏。

图书在版编目（CIP）数据

实战育儿 / 张玺，医师·娘著. — 北京：中国轻工
业出版社，2018.5

ISBN 978-7-5184-1366-9

Ⅰ. ①实… Ⅱ. ①张… ②医… Ⅲ. ①婴幼儿 – 哺育
②小儿疾病 – 诊疗 Ⅳ. ①TS976.31 ②R72

中国版本图书馆CIP数据核字（2018）第043537号

版权声明：

本書通過四川一覽文化傳播廣告有限公司代理，經捷徑文化出版事業有限公司授權出版。

责任编辑：侯满茹
策划编辑：翟　燕　侯满茹　　责任终审：张乃东　　封面设计：锋尚设计
版式设计：锋尚设计　　　　　　责任校对：李　靖　　责任监印：张京华

出版发行：中国轻工业出版社（北京东长安街6号，邮编：100740）
印　　刷：北京瑞禾彩色印刷有限公司
经　　销：各地新华书店
版　　次：2018年5月第1版第1次印刷
开　　本：720×1000　1/16　印张：16
字　　数：300千字
书　　号：ISBN 978-7-5184-1366-9　定价：59.80元
著作权合同登记　图字：01-2017-5525
邮购电话：010-65241695
发行电话：010-85119835　传真：85113293
网　　址：http://www.chlip.com.cn
Email：club@chlip.com.cn
如发现图书残缺请与我社邮购联系调换
170320S3X101ZYW